PAL-Prüfungsbuch · Maschinen- und Anlagenführer/-in
Textiltechnik/Textilveredelung

PAL-Prüfungsbuch

der PAL = Prüfungs-Aufgaben- und Lehrmittelentwicklungsstelle

Herausgegeben von der
Industrie- und Handelskammer Region Stuttgart

PAL-Prüfungsbuch

für die schriftlichen Teile
der Zwischen- und Abschlussprüfung

Testaufgaben für die Berufsausbildung

Maschinen- und Anlagenführer/-in
Textiltechnik/Textilveredelung

1. Auflage 2014

Verlag Dr.-Ing. Paul Christiani GmbH & Co. KG

Bestell-Nr. 94621
ISBN: 978-3-86522-760-7

Inhaltsverzeichnis

Vorwort

Die Industrie- und Handelskammern (IHKs) in der Bundesrepublik Deutschland führen seit über 70 Jahren Abschlussprüfungen in kaufmännischen und gewerblich-technischen Berufen durch.

Knapp 900 Vertreter der Arbeitnehmer, Arbeitgeber und Lehrer[1] an berufsbildenden Schulen entwickeln in über 100 Fachausschüssen der *Prüfungsaufgaben- und Lehrmittelentwicklungsstelle (PAL) der IHK Region Stuttgart* Aufgaben für die schriftlichen, praktischen und integrierten Zwischen- und Abschlussprüfungen in den gewerblich-technischen Berufen.

Im Bereich Verfahrenstechnik ist bei der PAL der Ausbildungsberuf Maschinen- und Anlagenführer/-in angesiedelt. Auszubildende in diesem Beruf werden folglich mit PAL-Aufgaben geprüft. Um ihnen die Vorbereitung auf die Prüfung zu erleichtern, aber auch Lehrern und Ausbildern die Kontrolle des Lernerfolgs der Auszubildenden zu ermöglichen, hat die PAL mit dem vorliegenden *PAL-Prüfungsbuch* schriftliche Aufgaben aus allen Themengebieten, unterschiedlichen Typs und verschiedener Schwierigkeitsgrade, zusammengestellt.

Die Aufgaben geben den aktuellen Stand im Sommer 2013 wieder. Anregungen für Verbesserungen und Hinweise auf Fehler nehmen wir gerne entgegen (pal@stuttgart.ihk.de).

Bei der Überarbeitung, Aktualisierung und Erstellung der Aufgaben haben uns die Mitglieder des PAL-Fachausschusses Maschinen- und Anlagenführer/-in Textiltechnik/Textilveredelung tatkräftig unterstützt. Dafür ein herzliches Dankeschön.

Wir wünschen allen Prüflingen viel Erfolg!
Ihre
PAL – Prüfungsaufgaben- und Lehrmittelentwicklungsstelle
der IHK Region Stuttgart

Stuttgart, im Januar 2014

[1] Alle personenbezogenen Bezeichnungen werden aus Gründen der Übersichtlichkeit und einfachen Lesbarkeit nur in einer Geschlechtsform gewählt und gelten gleichermaßen für Frauen und Männer.

Einleitung

1. Gesetzliche Grundlagen

Die Verordnungen über die Berufsausbildung in den gewerblich-technischen Berufen regeln unter anderem Struktur und Inhalt der schriftlichen Teile der Zwischen- und Abschlussprüfung. Demnach bestehen die schriftlichen Prüfungen der Zwischen- und Abschlussprüfung aus den berufsbezogenen Prüfungsbereichen und in der Abschlussprüfung zusätzlich aus dem berufsübergreifenden Bereich Wirtschafts- und Sozialkunde (WiSo).

Gemäß der Verordnung über die Berufsausbildung zum Maschinen- und Anlagenführer/-in Schwerpunkt Textiltechnik/Textilveredelung in der Fassung vom 20. August 2007 erstreckt sich die schriftliche Zwischenprüfung auf die für das erste Ausbildungsjahr aufgeführten Kenntnisse aus der Anlage der Verordnung sowie auf den im Berufsschulunterricht zu vermittelnden Lehrstoff, soweit er für die Berufsausbildung wesentlich ist.

Die schriftliche Abschlussprüfung erstreckt sich auf die in der Anlage der Verordnung aufgeführten Fertigkeiten und Kenntnisse, sowie auf den im Berufsschulunterricht vermittelten Lehrstoff, soweit er für die Berufsausbildung wesentlich ist und umfasst die Prüfungsbereiche Produktionstechnik, Produktionsplanung und WiSo.

2. Prüfungsinhalte

Aus den Vorgaben der Verordnung und des Ausbildungsrahmenplans hat der zuständige Fachausschuss der PAL eine Grobgliederung jeweils für die Zwischen- und Abschlussprüfung entwickelt (Bilder 1, 2 und 3). Die Grobgliederung der Zwischenprüfung enthält Prüfungsthemen, Aufgabenanzahl und Vorgabezeiten, die der Abschlussprüfung zusätzlich die Prüfungsbereiche und Gewichtungen, wie sie von der Verordnung vorgegeben sind. Die Gewichtungen zwischen gebundenen und ungebundenen Aufgaben sowie die Anzahl der Aufgaben wurden vom Fachausschuss der PAL erarbeitet. Eine angemessene Änderung in diesen Punkten behält sich der Fachausschuss vor.

Bild 4 zeigt eine detaillierte Themenübersicht für den Prüfungsbereich WiSo für die Abschlussprüfung (Stand: Mai 2007). Der Prüfungsbereich WiSo ist nicht Inhalt dieses Buchs. Übungsaufgaben zu diesem Bereich ersehen Sie bitte aus dem *PAL-Prüfungsbuch Wirtschafts- und Sozialkunde* (ISBN 978-3-87125-889-3).

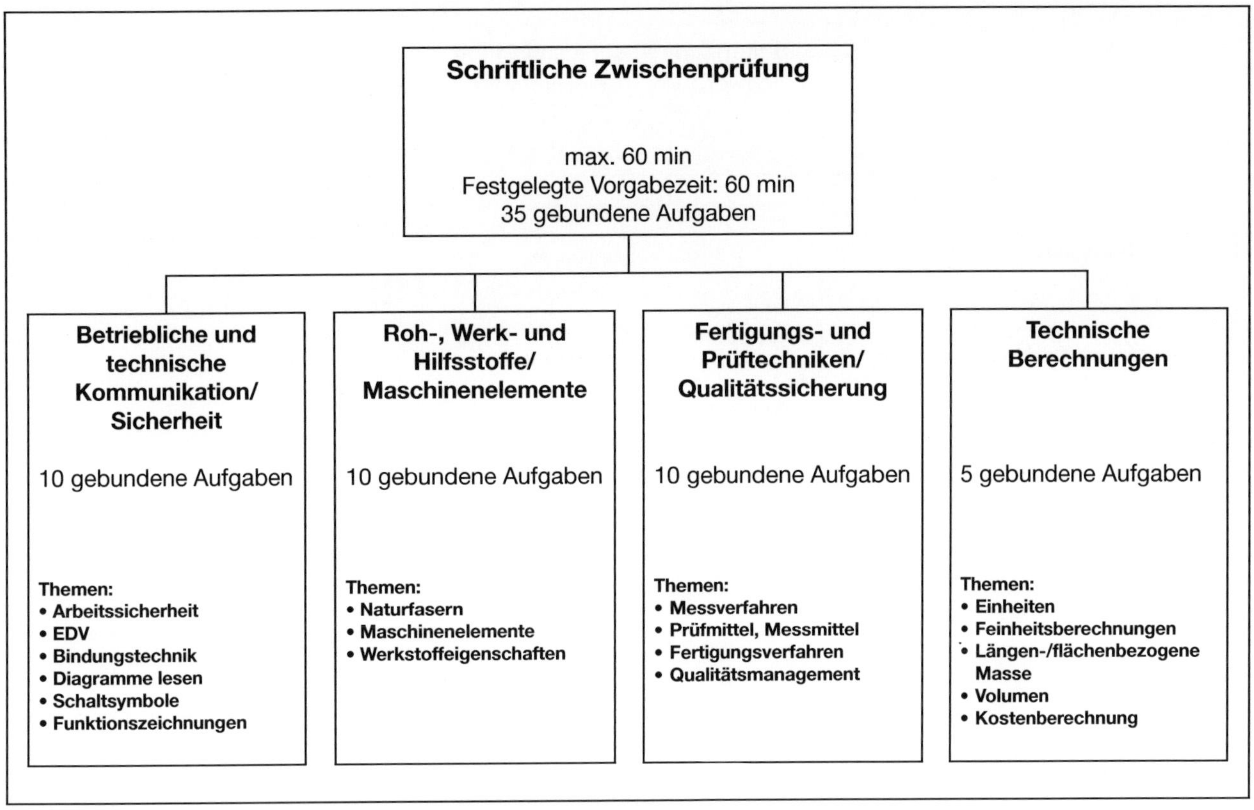

Bild 1. Gliederung der schriftlichen Zwischenprüfung

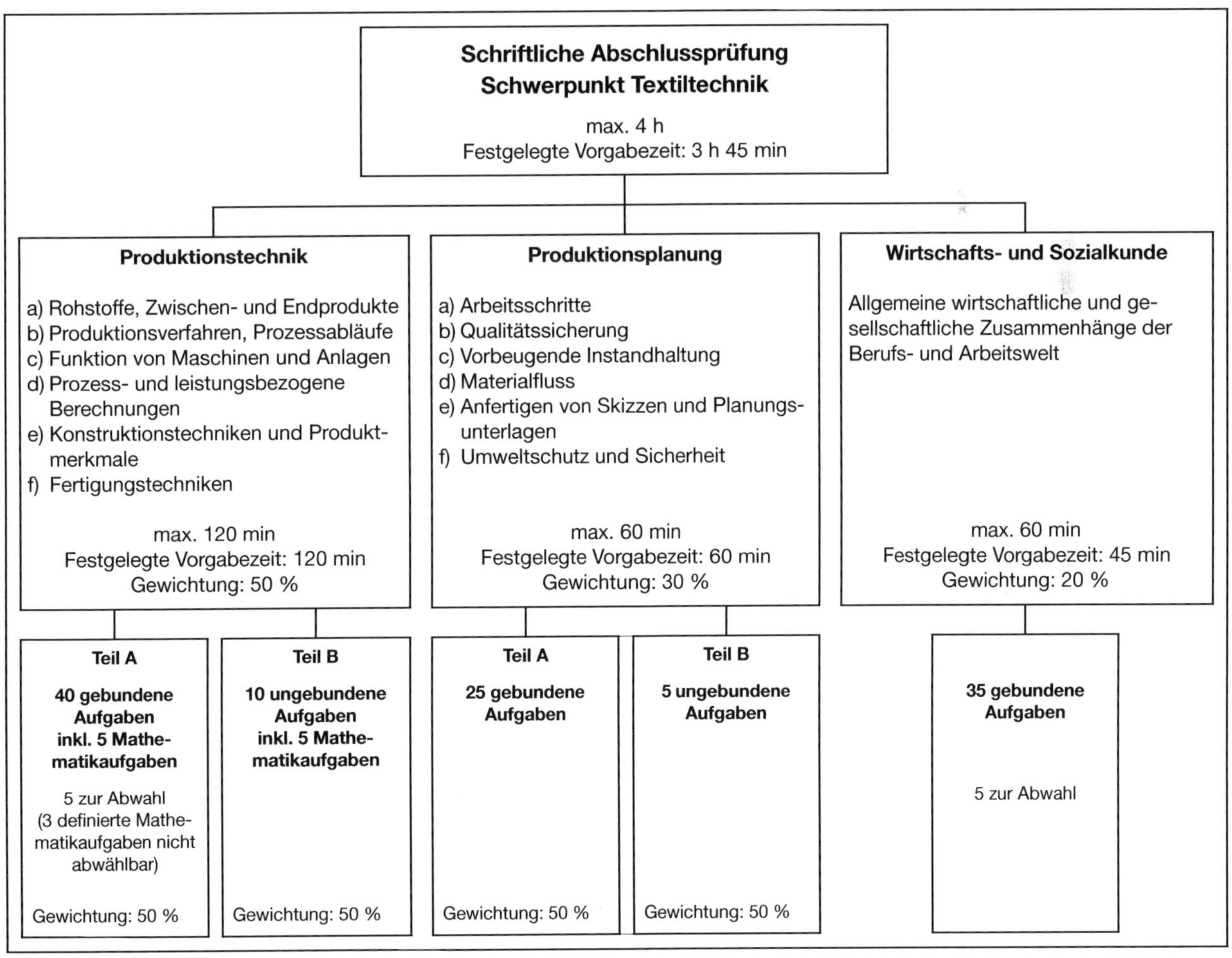

Bild 2. Gliederung der schriftlichen Abschlussprüfung Schwerpunkt Textiltechnik

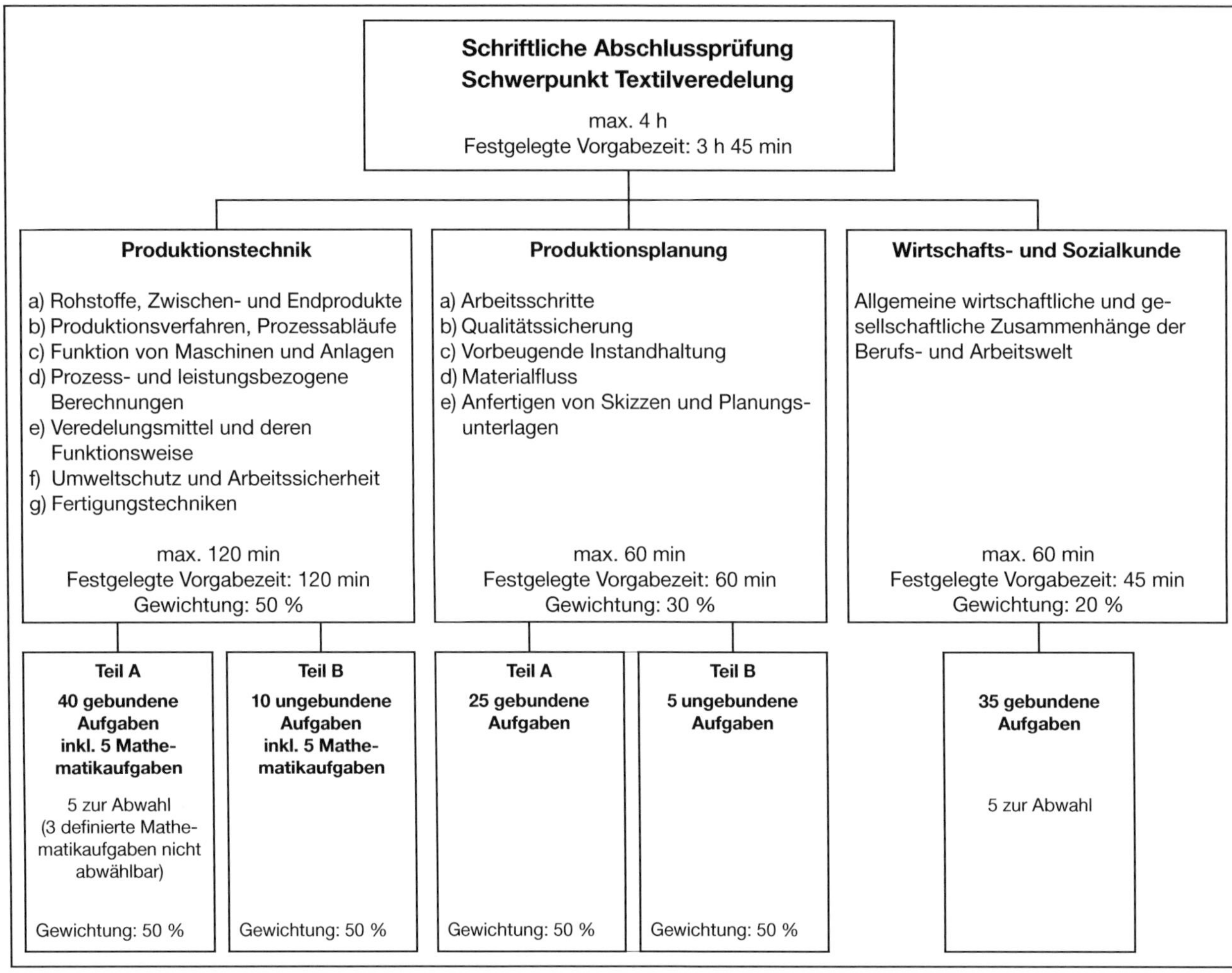

Bild 3. Gliederung der schriftlichen Abschlussprüfung Schwerpunkt Textilveredelung

Abschlussprüfung

Katalog der Inhalte der schriftlichen Prüfung

Wirtschafts- und Sozialkunde

Prüfungsgebiet	Prüfungsteilgebiet	Prüfungsinhalt
Berufsausbildung	Rechtliche Grundlagen des Berufsausbildungsverhältnisses	Berufsausbildungsgesetz
		Berufsausbildungsvertrag: Partner, Abschluss, Dauer, Beendigung
		Gegenseitige Rechte, Pflichten aus dem Berufsausbildungsvertrag
	Möglichkeiten der Fortbildung und Umschulung	Maßnahmen der beruflichen Fortbildung und Umschulung
		Staatliche Fördermaßnahmen
Betrieb	Aufbau, Aufgaben und Unternehmensformen eines Betriebs sowie seine Stellung in der Wirtschaft	Aufbau eines Industriebetriebs
		Wesentliche Aufgaben eines Betriebs: Beschaffung, Produktion, Absatz
		Stellung des Industriebetriebs in der Wirtschaft
		Wesentliche Ziele erwerbswirtschaftlicher und öffentlicher Betriebe: Gewinnerzielung, Kostendeckung, Marktversorgung
		Betriebliche Kenngrößen: Produktivität, Wirtschaftlichkeit, Rentabilität
	Wesentliche Unternehmensformen und deren wirtschaftliche Bedeutung	Einzelunternehmen
		OHG, KG
		AG, GmbH
		Genossenschaften
		Wirtschaftliche Verflechtungen
	Aufgaben von Arbeitgeber- und Arbeitnehmerorganisationen	Arbeitnehmerorganisationen
		Arbeitgeberorganisationen
Arbeits- und Tarifrecht, Arbeitsschutz	Wesentliche Bereiche des Arbeitsvertrags, des Arbeitsrechts und des Arbeitsschutzes	Lohn und Gehalt
		Arbeitszeit und Arbeitszeitordnungen
		Gewerbeaufsicht/technischer Arbeitsschutz
		Kündigung und Kündigungsschutz
		Jugendarbeitsschutz
		Frauenarbeitsschutz/Mutterschutz
		Schwerbehindertenschutz
		Urlaub
	Bedeutung und Aufgabe von Tarifverträgen und des Tarifrechts	Tarifautonomie
		Tarifvertragspartei
		Tarifverträge
		Laufzeit, Friedenspflicht
		Verbindlichkeit von Tarifverträgen
		Streik, Aussperrung, Schlichtung
Betriebliche Mitbestimmung	Mitwirkungs- und Mitbestimmungsmöglichkeiten des Arbeitnehmers im Betrieb	Betriebsverfassungs-, Mitbestimmungsgesetz
		Betriebsrat
		Jugend- und Auszubildendenvertretung
Sozialversicherung	Regelungen und Bedeutung der gesetzlichen Sozialversicherungen	Versicherungsarten
		Geschichtliche Entwicklung
		Versicherungsprinzipien
	Versicherungsträger, -pflicht, Beitragszahlung, Leistungen	Krankenversicherung
		Unfallversicherung
		Rentenversicherung
		Arbeitslosenversicherung
		Pflegeversicherung
Arbeits- und Sozialgerichtsbarkeit	Wichtige Regelungen, Zuständigkeitsbereiche, Aufgaben, Instanzenweg	Arbeitsgericht
		Sozialgericht

Bild 4. Katalog der Inhalte der schriftlichen Prüfung

3. Typen von Aufgaben

Grundsätzlich sind zwei Aufgabentypen zu unterscheiden:
- gebundene Aufgaben und
- ungebundene Aufgaben.

Gebundene Aufgaben beginnen mit einer Fragestellung, teilweise wird erst der Sachverhalt geschildert. Die Frage kann auch eine Verneinung beinhalten (in der Regel *kursiv* hervorgehoben). Der Prüfling antwortet nicht mit eigenen Worten, sondern markiert **einen** von fünf Antwortvorschlägen.

Bei den *ungebundenen Aufgaben* müssen die Prüflinge die Fragen mit eigenen Worten beantworten, Skizzen erstellen und Berechnungen mit Formel, Ansatz, Ergebnis und Einheit durchführen.

Im Beruf Maschinen- und Anlagenführer/-in sind keine ungebundenen Aufgaben in der Zwischenprüfung enthalten.

4. Bearbeitung der Aufgabensätze

4.1 Allgemeines

In der Prüfung erhalten die Prüflinge die fachbezogenen Aufgabensätze, die bei der Zwischenprüfung aus weißen Heften bestehen. Bei der Abschlussprüfung bestehen die Aufgabensätze aus weißen und grünen Heften und einen blauen Aufgabensatz für Wirtschafts- und Sozialkunde sowie die zugehörigen Markierungsbogen.

Bevor die Prüflinge mit der Bearbeitung der Aufgaben beginnen, sind die Erläuterungen auf Seite 2 des Aufgabensatzes sorgfältig zu lesen. Ein Beispiel für diese Hinweise zeigen die Bilder 5 und 6.

Vorgabezeit: Insgesamt 120 min für Teil A und Teil B

Hilfsmittel: Zeichenwerkzeuge, Formelsammlung und nicht programmierter, netzunabhängiger Taschenrechner ohne Kommunikationsmöglichkeit mit Dritten

Sehr geehrter Prüfling!

Bevor Sie mit der Bearbeitung der Aufgaben beginnen, lesen Sie bitte **sorgfältig** die folgenden Hinweise!

1 Allgemeines

Der Aufgabensatz für die **Produktionstechnik** besteht aus:

- Teil A mit 40 gebundenen Aufgaben (also mit vorgegebenen Auswahlantworten)
- Teil B mit 10 ungebundenen Aufgaben (die Sie mit Ihren eigenen Worten beantworten müssen)
- Anlage(n): keine
- Markierungsbogen (grau-weiß)

Sie können die beiden Teile in beliebiger Reihenfolge bearbeiten.

Für die Ermittlung Ihrer Prüfungsleistungen werden der grau-weiße Markierungsbogen von Teil A und das Aufgabenheft Teil B gegebenenfalls mit Anlage(n) zugrunde gelegt.

Am Ende der Vorgabezeit von 120 min müssen Sie alle Dokumente der Prüfungsaufsicht übergeben.

Bei zeichnerischen Darstellungen gilt die Projektionsmethode 1 ( ).

2 Hinweise für Teil A

Tragen Sie bitte vor Beginn der Bearbeitung der Aufgaben in den Kopf des **grau-weißen Markierungsbogens** ein:

- Die Prüfungsart und den Prüfungstermin
- Falls bekannt, die Nummer Ihrer Industrie- und Handelskammer (nicht unbedingt erforderlich)
- Die Ihnen mit der Einladung zur Prüfung mitgeteilte Prüflingsnummer
- Die auf der Titelseite dieses Aufgabenhefts aufgedruckte Berufsnummer
- Ihren Vor- und Familiennamen und den Ausbildungsbetrieb
- Ihren Ausbildungsberuf
- Das/den Prüfungsfach/-bereich „Produktionstechnik“
- Die Projekt-Nr. „01“

Sind diese Angaben bereits eingedruckt, prüfen Sie diese auf Richtigkeit.

Prüfen Sie danach, ob dieses Heft 40 Aufgaben enthält. Informieren Sie bei Unstimmigkeiten **sofort** die Prüfungsaufsicht! **Reklamationen nach dem Schluss der Prüfung werden nicht anerkannt!**

Von den 40 Aufgaben müssen Sie nur 35 bearbeiten. Sie müssen sich also entscheiden, welche 5 Aufgaben Sie nicht lösen wollen.

Die abgewählten Aufgaben müssen Sie im Markierungsbogen so durchstreichen, wie es das Beispiel auf Seite 3 zeigt. **Wenn Sie keine Aufgaben durchstreichen, werden die letzten 5 abwählbaren Aufgaben nicht gewertet.**

3 der 40 Aufgaben dürfen nicht abgewählt werden. Diese Aufgaben sind, wie das nebenstehende Beispiel zeigt, kenntlich gemacht. Werden die Aufgaben von Ihnen nicht bearbeitet, gelten diese als nicht gelöst.

38 nicht abwählbar!

Bei den Aufgaben in diesem Heft ist jeweils nur **eine** der 5 Auswahlantworten richtig. Sie dürfen deshalb nur **eine** Auswahlantwort ankreuzen. Kreuzen Sie mehr als eine an, gilt die Aufgabe als **nicht** gelöst!

Lesen Sie die Aufgabenstellung und die Auswahlantworten sorgfältig durch. Kreuzen Sie erst dann im Markierungsbogen die Ihrer Meinung nach richtige Auswahlantwort an.

Zum Ankreuzen im Markierungsbogen müssen Sie unbedingt einen Kugelschreiber verwenden, damit Ihre Kreuze eindeutig erkennbar sind, **auch auf dem Durchschlag**.

Sollten Sie versehentlich ein Kreuz in ein falsches Feld gesetzt haben, machen Sie dieses unkenntlich und setzen Sie ein neues Kreuz an die richtige Stelle, wie es das nebenstehende Beispiel zeigt.

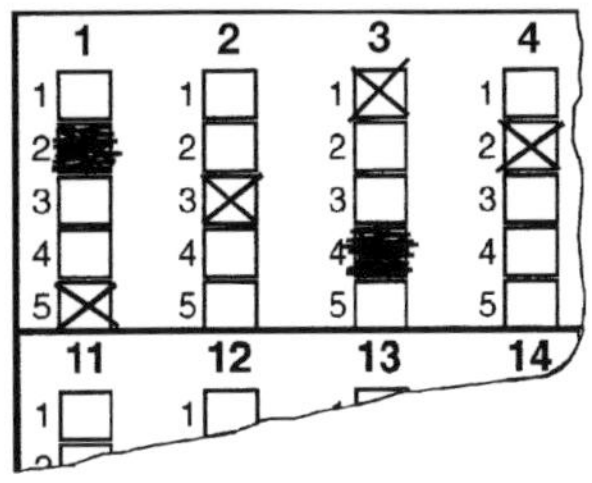

Falls Sie zum Ermitteln des Ergebnisses einer gebundenen Mathematikaufgabe Aus- und/oder Nebenrechnungen ausführen, verwenden Sie bitte das dafür vorgesehene Feld.

3 Hinweise für Teil B

Siehe Seite 2 von Teil B

Ihre Industrie- und Handelskammer wünscht Ihnen viel Erfolg!

Dieser Prüfungsaufgabensatz wurde von einem überregionalen nach § 40 Abs. 2 BBiG zusammengesetzten Ausschuss beschlossen Er wurde für die Prüfungsabwicklung und -abnahme im Rahmen der Ausbildungsprüfungen entwickelt. Weder der Prüfungsaufgabensatz noch darauf basierende Produkte sind für den freien Wirtschaftsverkehr bestimmt.

Bild 5: Seite 2 eines gebundenen Aufgabensatzes mit Bearbeitungshinweisen

Vorgabezeit:	Insgesamt 120 min für Teil A und Teil B
Hilfsmittel:	Zeichenwerkzeuge, Formelsammlung und nicht programmierter, netzunabhängiger Taschenrechner ohne Kommunikationsmöglichkeit mit Dritten

Sehr geehrter Prüfling!

Bevor Sie mit der Bearbeitung der Aufgaben beginnen, lesen Sie bitte **sorgfältig** die folgenden Hinweise!

1 Allgemeines

Der Aufgabensatz für die **Produktionstechnik** besteht aus:

- Teil A mit 40 gebundenen Aufgaben (also mit vorgegebenen Auswahlantworten)
- Teil B mit 10 ungebundenen Aufgaben (die Sie mit Ihren eigenen Worten beantworten müssen)
- Anlage(n): keine
- Markierungsbogen (grau-weiß)

Sie können die beiden Teile in beliebiger Reihenfolge bearbeiten.

Für die Ermittlung Ihrer Prüfungsleistungen werden der grau-weiße Markierungsbogen von Teil A und das Aufgabenheft Teil B gegebenenfalls mit Anlage(n) zugrunde gelegt.

Am Ende der Vorgabezeit von 120 min müssen Sie alle Dokumente der Prüfungsaufsicht übergeben.

Bei zeichnerischen Darstellungen gilt die Projektionsmethode 1 (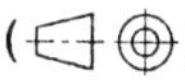).

2 Hinweise für Teil B

Tragen Sie bitte vor Beginn der Bearbeitung der Aufgaben auf der Titelseite **dieses Hefts** und gegebenenfalls auf den **Anlagen** ein:

- Die Ihnen mit der Einladung zur Prüfung mitgeteilte Prüflingsnummer
- Ihren Vor- und Familiennamen

Prüfen Sie danach, ob die Prüfungsunterlagen vollständig sind. Sie müssen enthalten:

- Dieses Aufgabenheft mit 10 ungebundenen Aufgaben

Informieren Sie bei Unstimmigkeiten **sofort** die Prüfungsaufsicht! **Reklamationen nach dem Schluss der Prüfung werden nicht anerkannt.**

Beantworten Sie die Aufgaben, wo immer möglich, mit kurzen Sätzen.

Bei mathematischen Aufgaben ist der vollständige Rechengang (Formel, Ansatz, Ergebnis, Einheit) in dem dafür vorgesehenen Feld auszuführen.

3 Hinweise für Teil A

Siehe Seite 2 von Teil A

Ihre Industrie- und Handelskammer wünscht Ihnen viel Erfolg!

Bild 6: Seite 2 eines ungebundenen Aufgabensatzes mit Bearbeitungshinweisen

Zunächst ist zu prüfen, ob der Aufgabensatz die in Bild 5 unter *Allgemeines* genannte Zahl von Aufgaben enthält. Sollte dies nicht der Fall sein, ist sofort die Prüfungsaufsicht zu informieren.

Ist der Aufgabensatz vollständig, gilt es, den Kopf des Markierungsbogens handschriftlich auszufüllen bzw. die eingedruckten Daten zu überprüfen (Bild 7).

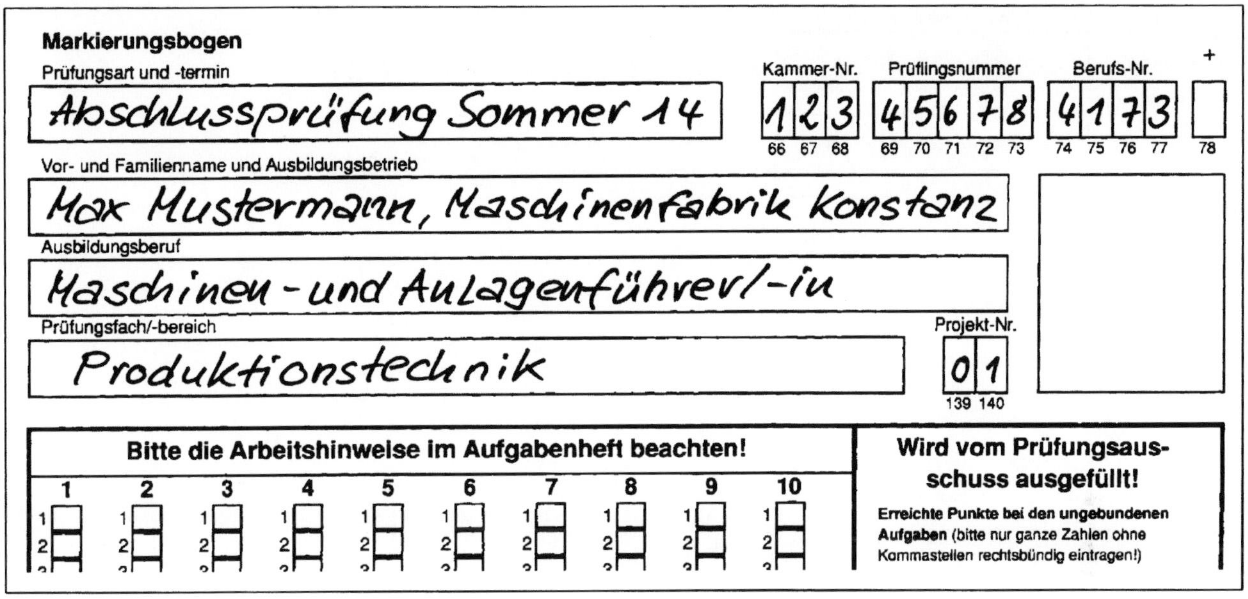
Markierungsbogen

Prüfungsart und -termin: Abschlussprüfung Sommer 14

Kammer-Nr.: 1 2 3 (66 67 68)

Prüflingsnummer: 4 5 6 7 8 (69 70 71 72 73)

Berufs-Nr.: 4 1 7 3 (74 75 76 77)

\+ (78)

Vor- und Familienname und Ausbildungsbetrieb: Max Mustermann, Maschinenfabrik Konstanz

Ausbildungsberuf: Maschinen- und Anlagenführer/-in

Prüfungsfach/-bereich: Produktionstechnik

Projekt-Nr.: 0 1 (139 140)

Bitte die Arbeitshinweise im Aufgabenheft beachten!

1 2 3 4 5 6 7 8 9 10

Wird vom Prüfungsausschuss ausgefüllt!

Erreichte Punkte bei den ungebundenen Aufgaben (bitte nur ganze Zahlen ohne Kommastellen rechtsbündig eintragen!)

Bild 7: Kopf eines Markierungsbogens mit handschriftlich eingetragenen Daten

Jetzt steht einer erfolgreichen Bearbeitung des Aufgabensatzes nichts mehr im Wege.

4.2 Gebundene Aufgaben

Bei der Bearbeitung der gebundenen Aufgaben hat es sich bewährt, diese zunächst in der vorgegebenen Reihenfolge durchzulesen. Bei sofort lösbar erscheinenden Aufgaben empfiehlt es sich, die richtige Antwort umgehend auf dem Markierungsbogen anzukreuzen.

Von den vorgeschlagenen fünf Antwortvarianten ist immer nur eine richtig. Es darf also nur ein Antwortvorschlag angekreuzt werden. Werden mehrere Auswahlantworten angekreuzt, gilt die Aufgabe als nicht gelöst. Gleiches gilt, wenn kein Antwortvorschlag angekreuzt wird. Falls versehentlich ein Kreuz an die falsche Stelle gesetzt wird, so ist dies unkenntlich zu machen und ein neues an die richtige Stelle zu setzen.

Der Fachausschuss der PAL hat beschlossen, innerhalb der gebundenen Aufgaben der Abschlussprüfung abwählbare Aufgaben anzubieten. Die abgewählten Aufgaben müssen vom Prüfling, wie in Bild 8 dargestellt, durchgestrichen werden. Einige Aufgaben zu berufsbezogenen Berechnungen dürfen nicht abgewählt werden und sind entsprechend gekennzeichnet (Bild 5). Werden vom Prüfling keine Aufgaben abgewählt, werden jeweils die letzten abwählbaren Aufgaben nicht gewertet.

Das folgende Bild 8 zeigt beispielhaft einen Markierungsbogen mit drei ungültig gemachten Markierungen und zwei abgewählten Aufgaben.

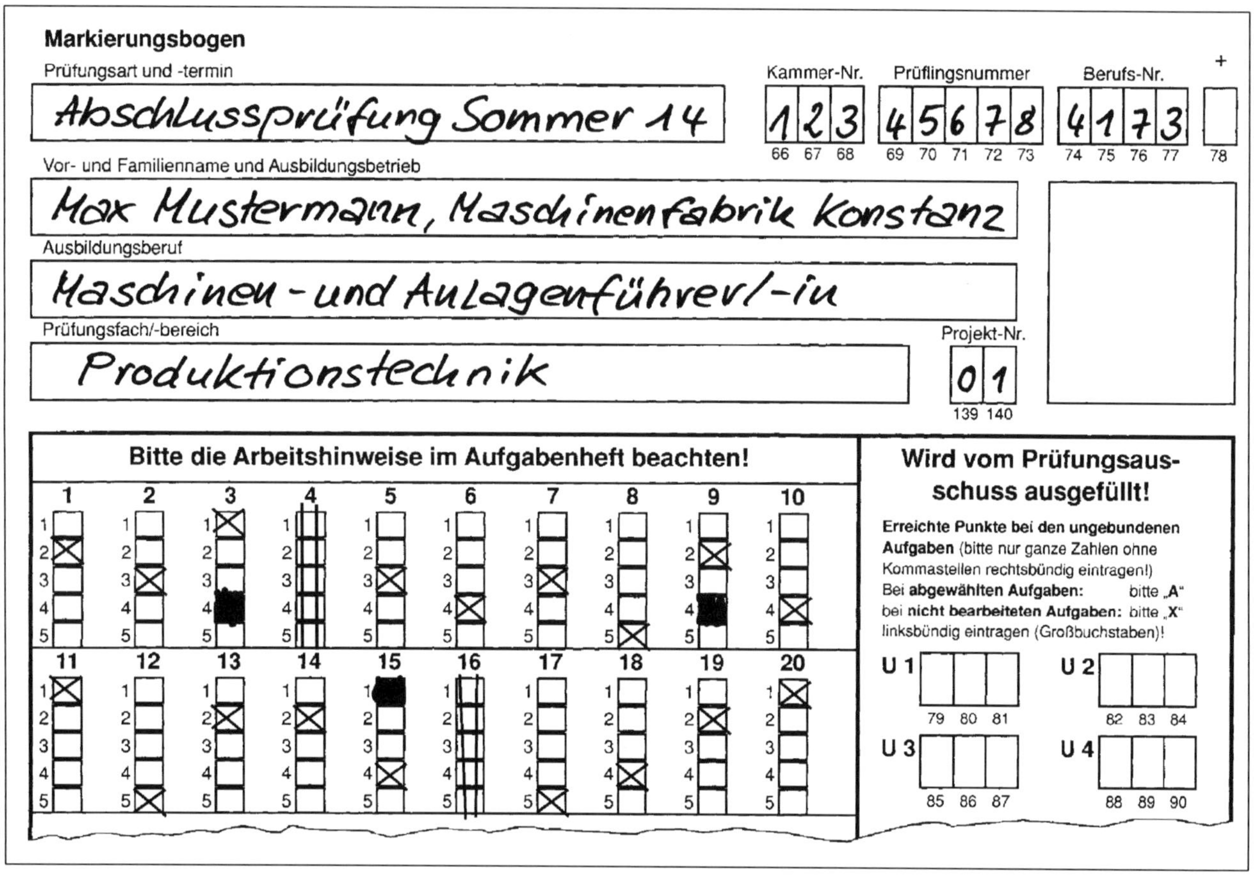

Bild 8: Markierungsbogen mit drei ungültig gemachten Markierungen und zwei abgewählten Aufgaben

Bei der Bewertung der gebundenen Aufgaben wird ausschließlich der Markierungsbogen zugrunde gelegt. Spätere Reklamationen sind nicht möglich.

4.3 Ungebundene Aufgaben

Zusätzlich zu den gebundenen Aufgaben werden in separaten Aufgabenheften bei der Abschlussprüfung ungebundene Aufgaben gestellt.

Vor der Bearbeitung der Aufgaben sind die Erläuterungen zu den ungebundenen Aufgaben sorgfältig zu lesen und anzuwenden. Ein Beispiel dazu ist in Bild 6 dargestellt (siehe Seite 8).

Nach dem Eintragen der Daten auf dem Deckblatt des Aufgabenhefts bzw. der Überprüfung der bereits eingedruckten Daten kann der Prüfling mit der Aufgabenbearbeitung beginnen. Die Beantwortung sollte in kurzen Sätzen erfolgen. Bei Aufgaben zu mathematischen Sachverhalten wird der vollständige Rechengang verlangt.

Am Ende der Prüfung sind der Aufsicht alle Dokumente zu übergeben.

5. Bewertung der Prüfung

Basis für die Bewertung der gebundenen Aufgaben ist ausschließlich der Markierungsbogen, der deshalb unbedingt die geforderten Daten enthalten muss.

Die ungebundenen Aufgaben müssen vom Prüfungsausschuss individuell ausgewertet werden. Die PAL liefert dem Prüfungsausschuss dazu Lösungsvorschläge. Es handelt sich dabei ausdrücklich um Vorschläge, d. h. es kann durchaus andere sinnvolle und richtige Lösungen geben. Ob eine Lösung sachlich richtig ist, entscheidet allein der Prüfungsausschuss.

Anschließend an die Übungsaufgaben in diesem Buch finden Sie die Lösungen zu den gebundenen Aufgaben bzw. die Lösungsvorschläge zu den ungebundenen Aufgaben.

6. Informationen für die Praxis

Die PAL hat für den Ausbildungsberuf „Maschinen- und Anlagenführer/-in Schwerpunkt Textiltechnik/Textilveredelung" Informationen für die Praxis erstellt, in denen nähere Informationen zur Ausbildungsverordnung und zur Umsetzung in Prüfungen enthalten sind. Unter www.ihk-pal.de finden Sie diese und weitere Informationen zum Prüfungswesen.

7. Aufbau des Prüfungsbuchs

Das Prüfungsbuch ist grundsätzlich in drei Bereiche eingeteilt.

- Allgemeine Themengebiete
- Zwischenprüfung
- Abschlussprüfung

Bei den Aufgaben aus den allgemeinen Themengebieten handelt es sich um übergreifende Bereiche, die sowohl in der Zwischenprüfung als auch in der Abschlussprüfung vorkommen können, aber nicht zwangsläufig in jedem Aufgabensatz vorkommen müssen. Die Aufgaben sind so allgemein gefasst, dass diese auch in anderen Schwerpunkten eingesetzt werden. Die Aufgaben aus den Bereichen der Zwischen- und Abschlussprüfung sind auf die einzelnen Schwerpunkte des Ausbildungsberufs Maschinen- und Anlagenführer/-in abgestimmt. Aber auch dort ist der wechselseitige Einsatz von Aufgaben aus den Schwerpunkten Textiltechnik und Textilveredelung möglich und sinnvoll.

1

Welches Ziel haben alle Maßnahmen zur Arbeitssicherheit?

(1) Verbesserung des Umweltschutzes
(2) Verringerung von Qualitätsschwankungen
(3) Erhöhung der Produktqualität
(4) Verringerung der Maschinenwartungszeiten
(5) Vermeidung von Arbeitsunfällen

2

Wer ist zur Bereitstellung der persönlichen Schutzausrüstung verpflichtet?

(1) Der Betriebsarzt
(2) Der Arbeitgeber
(3) Der Arbeitnehmer
(4) Die Berufsgenossenschaft
(5) Der Betriebsrat

3

Wobei handelt es sich ausschließlich um persönliche Schutzausrüstungen?

(1) Schutzhandschuhe, Augendusche, Lüftungsanlage
(2) Schutzhelm, Sicherheitsschuhe, Arbeitskleidung
(3) Krankentrage, Feuerlöscher, Atemschutz
(4) Schutzbrille, Erste-Hilfe-Kasten, Knieschützer
(5) Löschdecke, Gehörschutz, Sicherheitsdatenblätter

4

Wie ist die Spitze (Kappe) eines Sicherheitsschuhs ausgebildet?

(1) Sie ist besonders weich gepolstert
(2) Sie ist im Bereich der Zehen offen
(3) Sie hat eine Metall-/Kunststoffkappe
(4) Sie ist aus besonders festem Leder
(5) Sie ist aus zwei Lagen Leder doppelt genäht

5

Welche Schutzmaßnahme ist bei Arbeiten mit Staubentwicklung oder Farbnebelbildung erforderlich?

(1) Das Einlegen von stündlichen Pausen
(2) Das Tragen einer Schutzbrille
(3) Das stündliche Reinigen der Hände
(4) Das Tragen einer Atemschutzmaske
(5) Das Atmen durch die Nase

6

Wie kontrolliert die Berufsgenossenschaft die Einhaltung der Unfallverhütungsvorschriften?

(1) Durch die Auswertung der von Unternehmen zugesandten Betriebsfotos
(2) Durch Begehung und Begutachtung der angeschlossenen Firmen
(3) Durch die Auswertung der von den Unternehmen zurückgesandten Fragebögen der Berufsgenossenschaft
(4) Mithilfe von Telefonbefragungen bei Mitarbeitern
(5) Durch Meldungen der Krankenkassen

7

In einem Produktionsbetrieb sind Flure und Gänge durch Strichmarkierungen gekennzeichnet.
Welche Aussage ist richtig?

(1) Sie dienen als Fluchtweg und müssen so weit offen bleiben, dass Einzelpersonen durchgehen können

(2) Sie dienen als Fluchtweg und dürfen keinesfalls zugestellt werden, auch nicht vorübergehend

(3) Sie dürfen bei zwingendem Platzbedarf zur Hälfte belegt werden

(4) Sie müssen nach Arbeitsende voll begehbar sein

(5) Sie dürfen so weit belegt werden, dass Transportarbeiten ungehindert ablaufen können

8

Welche Bedeutung hat das Warnzeichen?

(1) Warnung vor hohen Treppenstufen

(2) Warnung vor Stolpergefahr

(3) Warnung vor Rutschgefahr

(4) Warnung vor Absturzgefahr

(5) Warnung vor Hindernissen

9

Zu welcher Hauptgruppe von Sicherheitskennzeichen gehört das Schild?

(1) Rettungszeichen

(2) Gebotszeichen

(3) Verbotszeichen

(4) Brandschutzzeichen

(5) Warnzeichen

10

Worauf weist das Sicherheitskennzeichen hin?

(1) Auf den Weg zu einem Personenaufzug

(2) Auf den Weg zu einer Erste-Hilfe-Station

(3) Auf eine Krankentrage im Betrieb

(4) Auf einen Rettungsweg mit Richtungsangabe

(5) Auf die Richtung, die zum Hauptausgang führt

11

Welche Sicherheitseinrichtung muss an einer Produktionsanlage mindestens vorhanden sein?

(1) Hauptschalter

(2) Not-Befehlsgeber (Not-Halt, NOT-AUS)

(3) Druckbegrenzungsventil (Sicherheitsventil)

(4) Zweihandsicherheitsschaltung

(5) Lichtschranke

12

Bei Arbeiten an einer Produktionsanlage fällt der Strom plötzlich aus und die Maschine steht. Was müssen Sie in einem solchen Fall zuerst tun?

(1) Den Betriebselektriker holen

(2) Elektrischen Anschluss prüfen

(3) Die Maschine sofort ausschalten

(4) Die Alarmeinrichtung auslösen

(5) Ruhig abwarten, bis der Strom wieder kommt

13

Wer ist berechtigt, Reparaturarbeiten an der Netzseite von Produktionsanlagen durchzuführen?

1. Der Maschinenführer
2. Der Betriebsleiter
3. Der Metallfacharbeiter
4. Die Elektrofachkraft
5. Die Sicherheitsfachkraft

14

Ein Gerät trägt das abgebildete Zeichen. Welche Aussage über das so gekennzeichnete Gerät ist richtig?

1. Der Hersteller bescheinigt, dass das Gerät den nach EU-Recht vorgeschriebenen Sicherheitsanforderungen entspricht
2. Das Gerät wurde von einer amtlich zugelassenen Prüfstelle eines EU-Lands geprüft
3. Das Gerät wurde außerhalb der EU hergestellt
4. Das Gerät wurde außerhalb Deutschlands in einem EU-Land hergestellt
5. Das Gerät verfügt über einen hochwertigen Qualitäts- und Sicherheitsstandard

15

Was gehört zu einem ergonomisch gestalteten Montagearbeitsplatz an einer Produktionsanlage?

1. Weite Greifräume
2. Ein an die Körpergröße angepasster Arbeitsplatz
3. Fester, harter Stehplatz
4. Häufige Dreh- und Bückbewegungen
5. Eine Erste-Hilfe-Ausstattung in jeder Abteilung

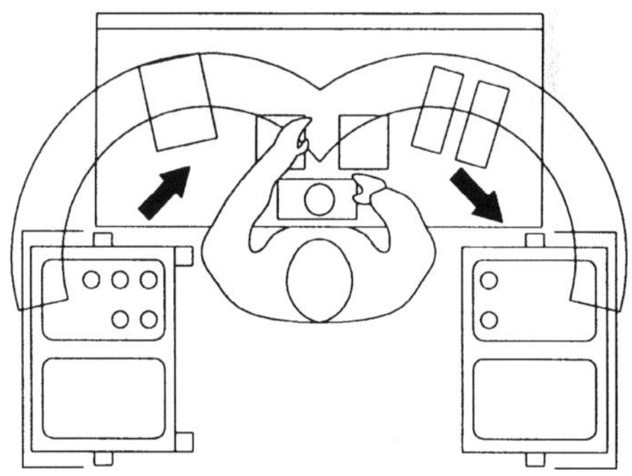

16

Welche Aussage über die Meldung von Arbeitsunfällen ist richtig?

1. Jeder Arbeitsunfall ist sofort dem Betriebsrat zu melden
2. Jeder Arbeitsunfall ist sofort telefonisch der Krankenkasse zu melden
3. Es ist nur ein schwerer Arbeitsunfall meldepflichtig
4. Jeder Arbeitsunfall ist innerhalb einer Woche der Berufsgenossenschaft zu melden
5. Jeder Arbeitsunfall ist unverzüglich dem Vorgesetzten zu melden

17

Woran ist zu erkennen, dass ein Verunglückter sich im Schockzustand befindet?

1. An erweiterten Pupillen und flatternden Lidern
2. Am schnellen Puls bei kaltschweißiger, blasser Haut
3. Am niedrigen Puls bei rotem Gesicht und warmem Schwitzen
4. An der Größe der blutenden Wunden und der Stärke des Blutverlusts
5. An den blau verfärbten Lippen und geschwärzten Gliedmaßen

18

Welche Maßnahme muss bei einer Verätzung in der Regel als Erstes ergriffen werden?

1. Sofort mit Wasser spülen
2. Sofort mit Luft kühlen
3. Sofort mit Seife abwaschen
4. Sofort mit Salbe versorgen
5. Sofort mit einem Tuch abdecken

19

Wie müssen in einem Betrieb anfallende Reststoffe entsorgt werden?

1. Alle Reststoffe in einem Container sammeln, um Kosten zu sparen
2. Sortiert nach Abfall, Reststoffen (Recycling) und Sonderabfall entsorgen
3. Sortiert nach brennbaren und nicht brennbaren Reststoffen entsorgen
4. Sonderabfall unter die anderen Reststoffe mischen, um Kosten zu vermeiden
5. Die Reststoffe kann man bedenkenlos in den Hausmüll werfen

20

Welche Form der Reststoffbehandlung ist bevorzugt anzuwenden?

1. Lagern auf offener Deponie
2. Entsorgen auf See
3. Verbrennen
4. Unterirdisch lagern
5. Wiederverwerten

21

Die Sicherheitsdatenblätter der Gefahrstoffverordnung enthalten H-Sätze (früher R-Sätze) und P-Sätze (früher S-Sätze). Was ist in den P-Sätzen festgehalten?

1. Sicherheitshinweise
2. Gefahrenhinweise
3. Verarbeitungshinweise
4. Entsorgungshinweise
5. Zusammensetzung

22

In welcher Auswahlantwort sind nur Eigenschaften von Stoffen angegeben, die zur Einstufung als gefährliche Stoffe im Sinne der Gefahrstoffverordnung führen?

1. Leicht flüchtig, sauer, unangenehmer Geruch
2. Entzündbar, explosiv, akut toxisch
3. Wasserunlöslich, alkalisch, leicht flüchtig
4. Warmfest, reizend, wasserlöslich
5. Giftig, leicht sauer, betäubend

23

Zum Reinigen und Entfetten werden Lösemittel verwendet. Welche Vorsichtsmaßnahmen müssen beim Lagern dieser Stoffe beachtet werden?

1. Offen und in völlig luftdichten und für jedermann zugänglichen Räumen lagern
2. Nur in offenen, gekennzeichneten Behältern, die in völlig luftdichten Räumen stehen, lagern
3. Eine Lagerung erfolgt grundsätzlich direkt an der Maschine oder Anlage
4. Nur in geeigneten, gekennzeichneten Behältern in gut be- und entlüfteten Räumen lagern
5. Immer in offenen, gut belüfteten Behältern in zugänglichen Räumen lagern

U24

Nennen Sie fünf Auswirkungen, die eine unzureichende Beleuchtung am Arbeitsplatz haben kann.

Aufgabenlösung:

U25

1. Nennen Sie zwei technische Möglichkeiten, wie Lärm am Arbeitsplatz verringert werden kann.
2. Nennen Sie eine persönliche Schutzmaßnahme gegen Lärm.

Aufgabenlösung:

U26

Zur eindeutigen Kennzeichnung werden Sicherheitskennzeichen farblich unterschieden.
Tragen Sie in die Tabelle die Bedeutung der jeweiligen Sicherheitsfarbe ein.

Aufgabenlösung:

Farbe	Bedeutung
Rot	
Gelb	
Grün	
Blau	

U27

Geben Sie drei Eigenschaften an, die ein NOT-AUS-Schalter oder ein Not-Befehlsgeber haben muss.

Aufgabenlösung:

U28

Geben Sie die entsprechenden Kennfarben für die in der Tabelle genannten Rohrleitungen an.

Aufgabenlösung:

Rohrleitung für	Kennfarbe
Wasser	
Wasserdampf	
Druckluft	
Laugen	
Sauerstoff	

U29

Erklären Sie die Begriffe Emission und Immission für den Bereich des Umweltschutzes.

Aufgabenlösung:

U30

Beschreiben Sie, was man unter dem Begriff Recycling versteht.

Aufgabenlösung:

U31

Jeder Betrieb kann zur Umweltbelastung und -schädigung beitragen.
Nennen Sie drei mögliche Ursachen für eine Umweltbelastung durch mangelhaften Umweltschutz im Betrieb.

Aufgabenlösung:

U32

Die folgenden Reststoffe sollen entsorgt werden:

1. Bedrucktes Druckerpapier
2. Styroporverpackungs-Chips
3. Chemikalienflaschen mit Resten
4. Abfälle aus dem Pausenraum

Sortieren Sie diese Reststoffe nach den vorgegebenen Abfallarten, tragen Sie dazu jeweils die Ziffern der Reststoffe ein.

Aufgabenlösung:

Abfallart	Ziffer
Altpapier	
Chemikalienabfälle	
Kunststoffabfälle	
Restmüll	

33

Was versteht man unter Qualitätssicherung?

1. Die Formulierung von Qualitätszielen
2. Die Leitung des Prozesses, der auf die Erfüllung der Qualitätsanforderungen gerichtet ist
3. Die Gesamtheit der qualitätsbezogenen Handlungen und Zielsetzungen des Qualitätsmanagements
4. Den Prozess der Qualitätsplanung
5. Die Organisation zur Erhöhung der Produktqualität

34

Was versteht man in der Qualitätssicherung unter dem Begriff „Qualitätsmerkmal“?

1. Kennzeichnende Eigenschaft eines Produkts
2. Zahlenwert einer Erscheinungsform
3. Der kleinste Qualitätswert
4. Festgelegte Voraussetzungen
5. Der ermittelte Ist-Wert

35

Wann spricht man von der guten Qualität eines Produkts?

1. Wenn der Hersteller 2 Jahre Gewährleistung bietet
2. Wenn der Hersteller 1/2 Jahr Garantie gewährt
3. Wenn der Verkauf im hohen Preissegment stattfindet
4. Wenn der Verkauf einen kostenlosen Umtausch garantiert
5. Wenn das Produkt den Anforderungen entspricht

36

Welche Antwort beschreibt eine vorsorgliche Maßnahme zur Qualitätssicherung?

1. Maßkontrolle am gefertigten Produkt
2. Dichtemessung an Stichprobe-Teilen
3. Kontrolle des Stromverbrauchs einer Anlage
4. Auswechseln eines defekten Lagers
5. Regelmäßige Überprüfung eines Werkzeugs auf Verschleiß

37

Was versteht man in der Qualitätssicherung unter dem Begriff Fehler?

1. Nichterfüllung einer festgelegten Forderung
2. Abweichung innerhalb einer Toleranz
3. Korrektur der Prozessparameter
4. Nichterreichung des Lernerfolgs
5. Vorzeitiges Beenden eines Arbeitsschritts

38

Nach Reklamation und Auswertung in der zuständigen Qualitätsstelle werden die Transport- und Lagerbehälter für ein Produkt geändert.
Wozu zählt diese Maßnahme?

1. Umwelt, Recycling
2. Mitarbeiterschulung
3. Verbesserungsprozess
4. Produktionsplanung
5. Forschung

39

Rohmaterialien werden nach der Anlieferung hinsichtlich festgelegter Qualitätsanforderungen geprüft.
Wie nennt man diese Prüfung?

1. Vorprüfung
2. Teileprüfung
3. Wiederkehrende Prüfung
4. Eingangsprüfung
5. Fertigungsprüfung

40

Für die Qualität werden zählbare und messbare Merkmale geprüft. In welcher Auswahlantwort werden nur messbare Merkmale genannt?

1. Fehlergrenzen, Fehlerquellen
2. Toleranzfelder, Toleranzklasse
3. Zähnezahl, Ausschussteile
4. Außendurchmesser, Masse
5. Toleranzgrenze, Zapfenlänge

41

Warum ist eine regelmäßige Prüfmittelüberwachung notwendig und sinnvoll?

1. Damit der Hersteller der Prüfmittel die Garantieleistungen nicht ablehnen kann
2. Damit die Mitarbeiter die Funktionsweise der Prüfmittel üben können
3. Damit die Übereinstimmung der Produkte mit den geforderten Qualitätsmerkmalen gewährleistet ist
4. Damit die Mitarbeiter eine Routine beim Umgang mit den Prüfmitteln haben
5. Damit die Produktivität der Produktion gesteigert wird

42

Was sind personelle Maßnahmen innerhalb des Qualitätswesens?

1. Schulungen von Mitarbeitern
2. Kontrolle der Einhaltung der Pausenzeiten
3. Individuelle Erfassung von Messdaten
4. Beteiligung am betrieblichen Vorschlagswesen
5. Bewerbungsunterlagen für eine Prüftätigkeit

43

Durch das Qualitätswesen werden Kosten verursacht. Welche Kosten können vom Mitarbeiter, der im direkten Fertigungsprozess tätig ist, beeinflusst werden?

1. Fehlerverhütungskosten durch optimale Planung von Bauteilen
2. Prüfkosten, die bei der Feststellung von Fehlern oder der Fehlerfreiheit entstehen
3. Kosten für Maßnahmen zur Qualitätsförderung und -verbesserung
4. Fehlerkosten, die für Nacharbeit, Ausschuss oder Garantieinanspruchnahme entstehen
5. Materialkosten durch die Verwendung günstigerer Rohstoffe

44

Mitarbeiter sollen ihre Arbeitsergebnisse selbst kontrollieren. Welche Voraussetzung ist dazu notwendig?

1. Der Mitarbeiter muss nach Akkordlohn entlohnt werden
2. Der Mitarbeiter muss über die Qualitätsmerkmale informiert sein
3. Der Mitarbeiter muss die Kontrollergebnisse in seiner Pause bzw. nach Feierabend schriftlich festhalten
4. Der Mitarbeiter muss geeignete Prüf- und Messmittel, z. B. Schablonen, selbst erstellen
5. Der Mitarbeiter muss drei unterschiedliche Arbeitsvorgänge am Erzeugnis beherrschen

U45

Beschreiben Sie den Begriff Qualität.

Aufgabenlösung:

U46

Nennen Sie vier Inhalte einer Prüfanweisung.

Aufgabenlösung:

U47

Bei der Herstellung eines Produkts kann die Qualität durch sogenannte M-Einflüsse gestört werden.
Nennen Sie drei dieser Einflüsse.

Aufgabenlösung:

48

In welcher Zeile der Tabelle ist die Zuordnung richtig?

	Linienart	Anwendung
1		Lichtkanten
2		Maßlinien
3		Biegelinien
4	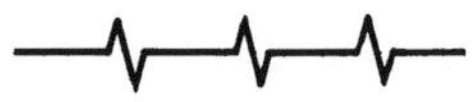	Gewindespitzen
5		Mittellinien

49

In welcher Linienart müssen die punktierten Linien gezeichnet werden?

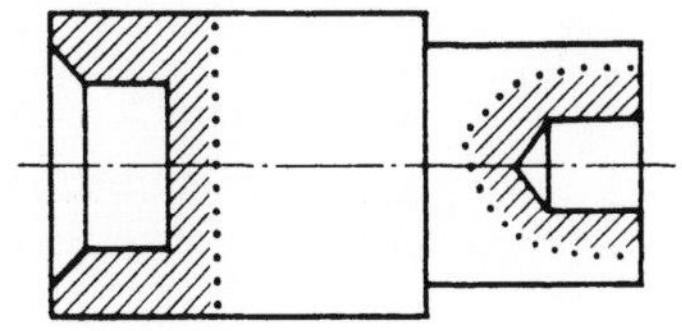

1. Strichpunktlinie, breit
2. Volllinie, schmal
3. Strichpunktlinie, schmal
4. Freihandlinie, schmal
5. Strichlinie, schmal

50

Es sind Vorderansicht und Draufsicht eines Körpers gegeben. In welchem Bild ist die Seitenansicht von links richtig dargestellt?

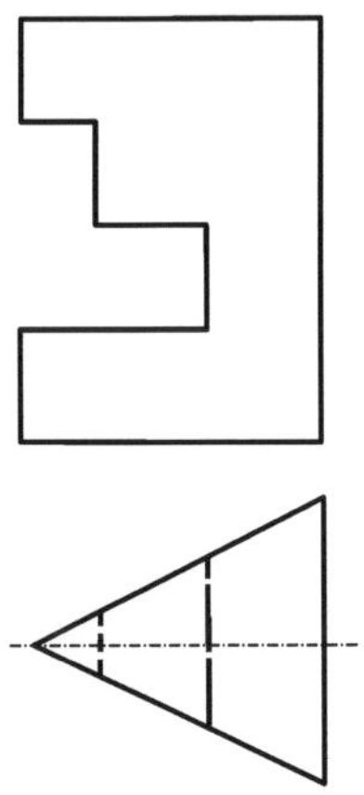

1 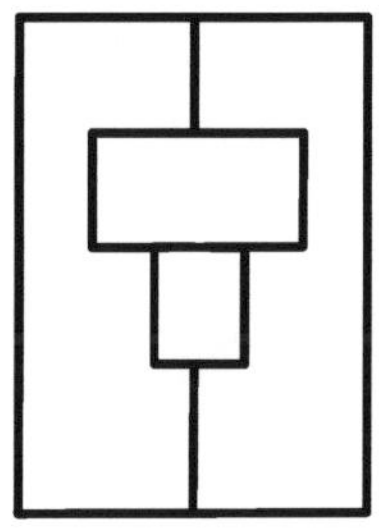

2 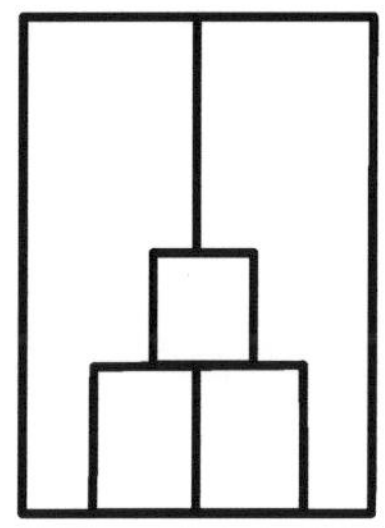

3 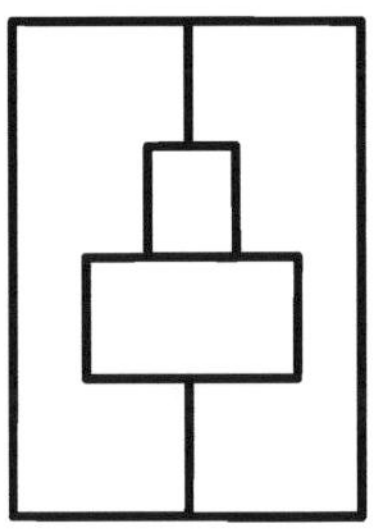

4 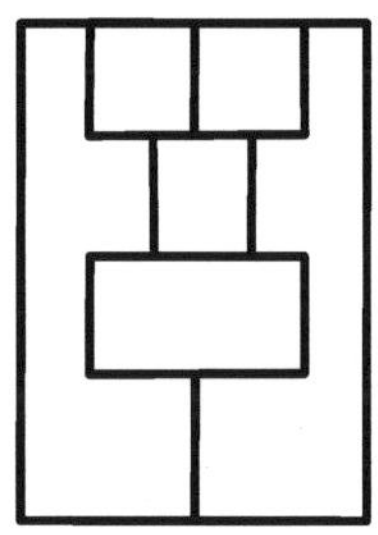

5 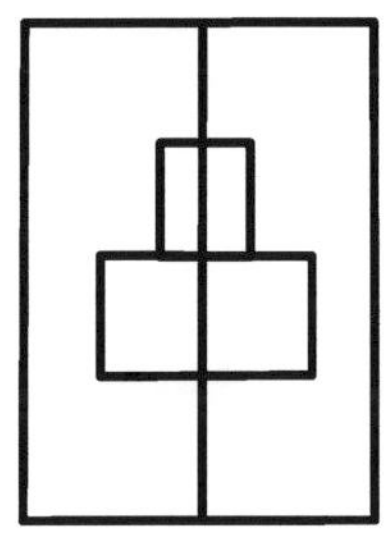

51

Das Werkstück soll im Maßstab 1:2 gezeichnet werden. In welcher Zeile wurde bei der Umrechnung der Kantenlängen ein Fehler gemacht?

	Maß	Maßstab 1:2 Kantenlänge
1	∅ 80	40 mm
2	∅ 120	60 mm
3	∅ 175	90 mm
4	70	35 mm
5	130	65 mm

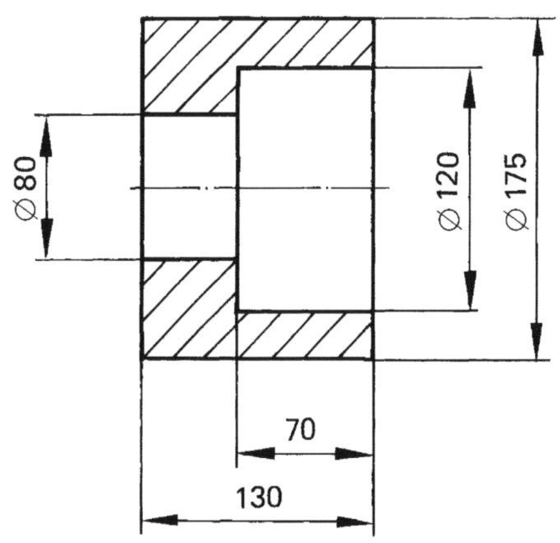

52

Die Zeichnung enthält einen Fehler. Welche Behauptung ist richtig?

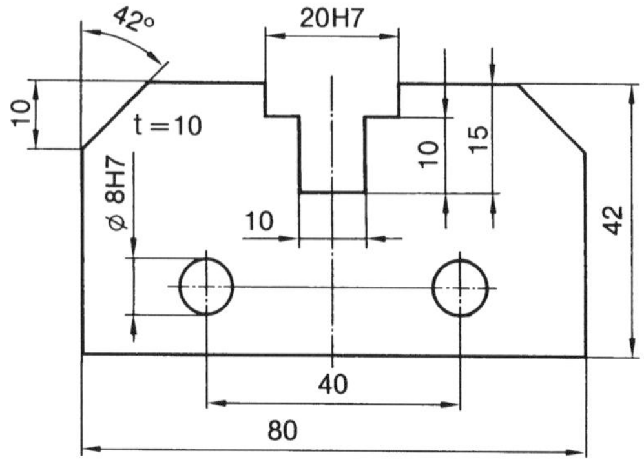

(1) Für die Angabe der Werkstückdicke $t = 10$ muss eine zweite Ansicht gezeichnet werden

(2) Auf der rechten Seite muss die Abschrägung auch bemaßt werden

(3) Die Abstandsbemaßung 40 für die Bohrungen ∅ 8H7 ist nicht zulässig

(4) Die Lage der Bohrungen ∅ 8H7 ist nicht eindeutig bemaßt

(5) Das ISO-Kurzzeichen bei der Nut 20 muss mit dem Kleinbuchstaben „h" geschrieben werden

53

Die Zeichnung enthält einen Fehler. Welche Behauptung ist richtig?

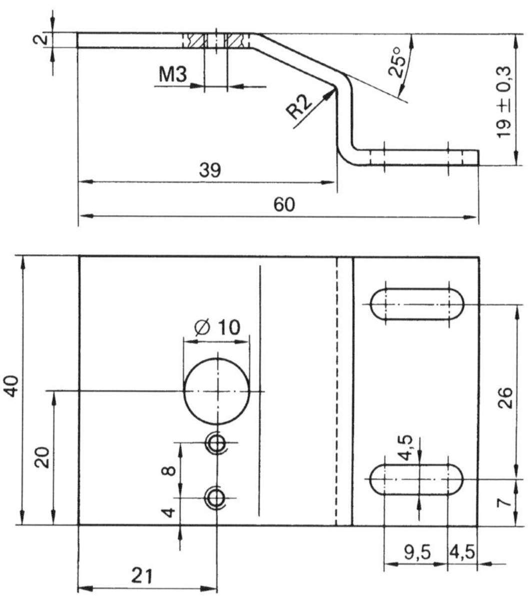

(1) Die Bemaßung der Schrägen ist unvollständig

(2) Die Bemaßung des Gewindes M3 ist nicht normgerecht

(3) Die Bemaßung der Bohrung ∅ 10 ist nicht normgerecht

(4) Die Bemaßung der beiden Langlöcher ist unvollständig

(5) Das Maß 19±0,3 ist nicht normgerecht

54

Die Zeichnung enthält einen Fehler. Welche Behauptung ist richtig?

(1) Der obere Bereich der Seitenansicht darf nicht schraffiert werden

(2) Bei dem Maß 50 in der Vorderansicht muss ein Durchmesserzeichen vorangestellt werden

(3) Die waagerechte Mittellinie darf nicht von einer Ansicht zur anderen durchgezogen werden

(4) In der Seitenansicht darf vor dem Bohrungsmaß 30H7 kein Durchmesserzeichen stehen

(5) Das Maß 4 darf nicht in der Zeichnung liegen, sondern muss rausgezogen werden

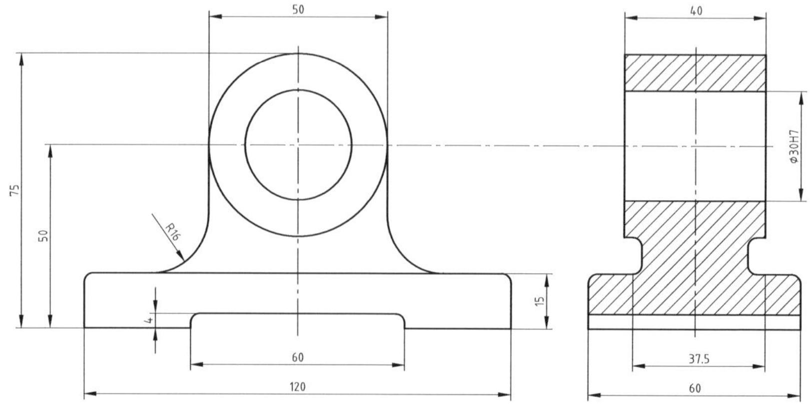

nicht bemaßte Radien R2,5

55

Die Zeichnung enthält einen Fehler. Welche Bemaßungsregel wurde *nicht* beachtet?

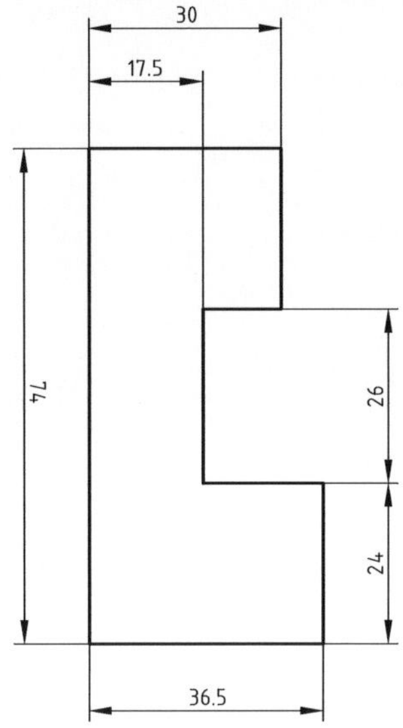

1. Die Maßhilfslinien dürfen nicht bis zum Körper gezeichnet werden
2. Die Maßzahlen dürfen keine Kommastellen haben
3. Die Maßzahlen dürfen nur ganzzahlig sein
4. Alle Maßzahlen müssen von unten lesbar sein
5. Die Maßzahl 74 muss von rechts lesbar sein

56

Durch Drehen des Spannschlosses in Pfeilrichtung sollen sich die beiden Gewindespindeln nach innen bewegen.
Welche Gewinde müssen die gekennzeichneten Gewindespindeln haben?

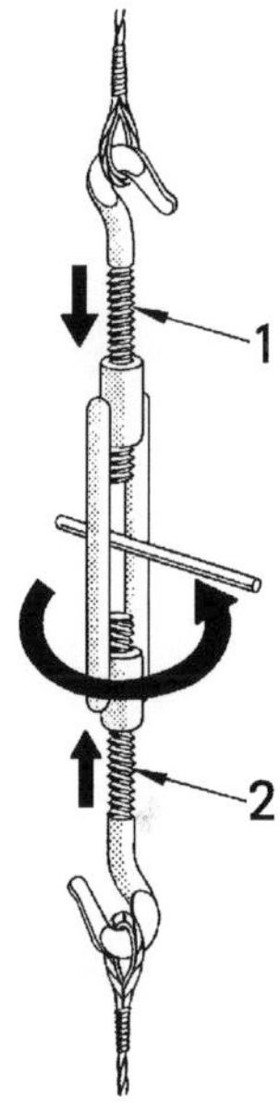

1. Die mit 1 und 2 gekennzeichneten Gewindespindeln müssen beide ein Rechtsgewinde haben
2. Die mit 1 und 2 gekennzeichneten Gewindespindeln müssen beide ein Linksgewinde haben
3. Die mit 1 gekennzeichnete Gewindespindel muss ein Linksgewinde haben, die mit 2 gekennzeichnete ein Rechtsgewinde
4. Die mit 1 gekennzeichnete Gewindespindel muss ein Rechtsgewinde haben, die mit 2 gekennzeichnete ein Linksgewinde
5. Die mit 1 gekennzeichnete Gewindespindel muss ein Feingewinde haben, die mit 2 gekennzeichnete ein metrisches Gewinde

---

57

Wie groß ist gemäß dem Diagramm die Längenausdehnung Δl (in mm) eines Lüftungskanals mit der Länge von 20 Metern, wenn dieser von 20 °C auf 70 °C erwärmt wird?

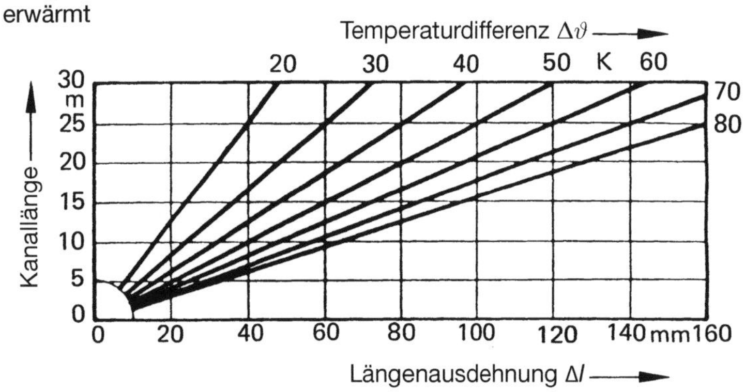

1. $\Delta l \approx$ 30 mm
2. $\Delta l \approx$ 60 mm
3. $\Delta l \approx$ 80 mm
4. $\Delta l \approx$ 100 mm
5. $\Delta l \approx$ 110 mm

58

Wie viele Maschinen wurden im Jahr 2010 mehr gefertigt als im Jahr 2009?

(1) 1 000 Stück

(2) 5 000 Stück

(3) 15 000 Stück

(4) 17 500 Stück

(5) 22 500 Stück

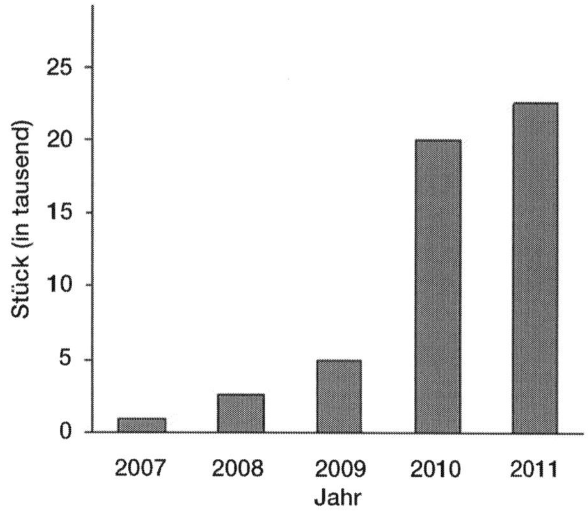

59

Welche Behauptung über die Stückliste einer Baugruppe ist richtig?

(1) Es müssen alle Teile enthalten sein, die zu dieser Baugruppe gehören

(2) Es dürfen nur verschlüsselte Bestellnummern aufgeführt werden

(3) Es dürfen keine Normteile aufgeführt werden

(4) Es müssen die Gewichte der einzelnen Positionen und das Gesamtgewicht angegeben sein

(5) Es müssen alle zur Fertigung der Baugruppe notwendigen Hilfs- und Betriebsstoffe angegeben sein

60

Das Diagramm stellt die Bewertung von vier Kriterien bei dem Test eines Produkts dar. Die Kriterien sind in der Tabelle aufgeführt. Welche Punktezuordnung zu den Kriterien ist richtig?

	Optischer Eindruck	Mechanische Ausführung	Lebensdauer	Handhabung
(1)	95	60	75	80
(2)	80	75	95	90
(3)	95	80	50	75
(4)	80	75	40	95
(5)	75	95	60	40

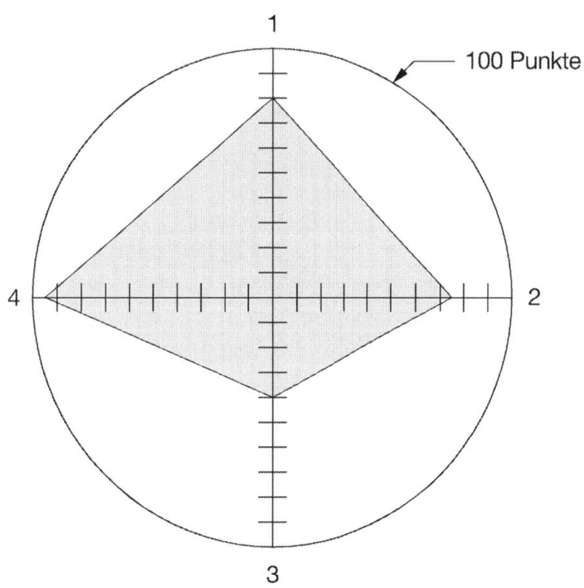

Nr.	Kriterium
1	Optischer Eindruck
2	Mechanische Ausführung
3	Lebensdauer
4	Handhabung

61

Welche Aufgabe hat das mit 1 gekennzeichnete Bauelement in dem Pneumatik-Schaltplan?

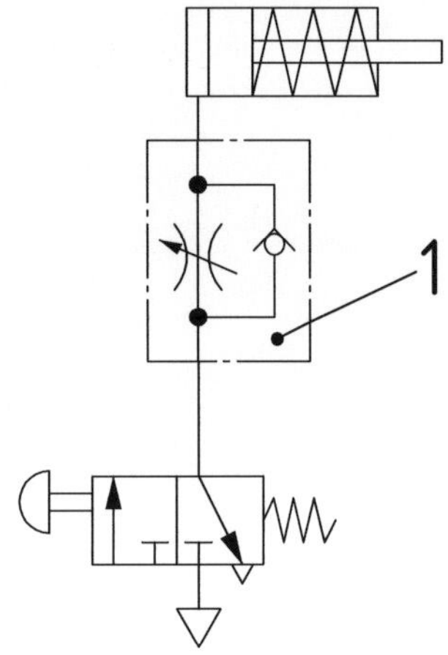

1. Dämpfung der Geschwindigkeit in der Endlage
2. Geschwindigkeitssteuerung im Vorlauf
3. Entlüftung des Ventils bei Überdruck
4. Schalten des Zylinders
5. Steuerung der Geschwindigkeit im Rücklauf

62

Die Kolbenstange des Zylinders 1A darf nur dann ausfahren, wenn die Ventile 1S1 und 1S2 gleichzeitig betätigt werden.
Welches Bauteil muss an der mit einem Fragezeichen gekennzeichneten Stelle des Schaltplans eingebaut werden?

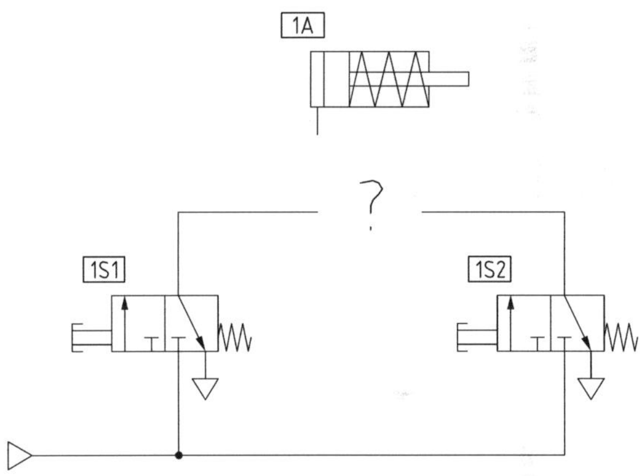

1. 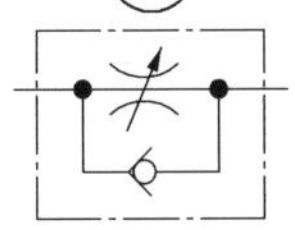
2. 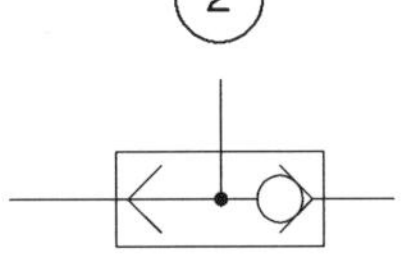
3. 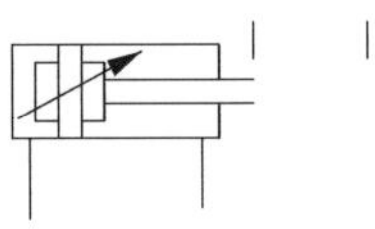
4. 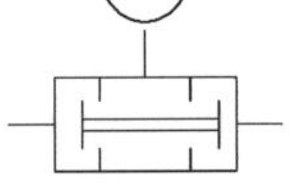
5. 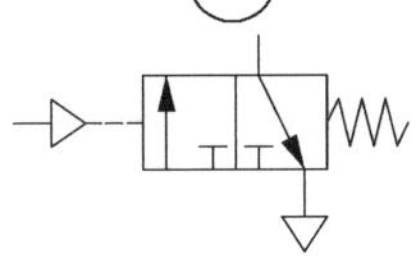

63

Welches Symbol ist das genormte Schaltzeichen für einen Öffner in einer elektrotechnischen Schaltung?

1. 
2. 
3. 
4. 
5. 

64

Welches allgemeine Schaltzeichen stellt eine Sicherung dar?

1. 
2. 
3. 
4. 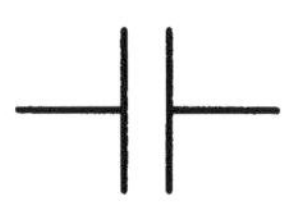
5. 

65

Welche Ventile müssen geschlossen sein, wenn Pumpe 2 ausgebaut und gleichzeitig mit Pumpe 1 gefördert werden soll?

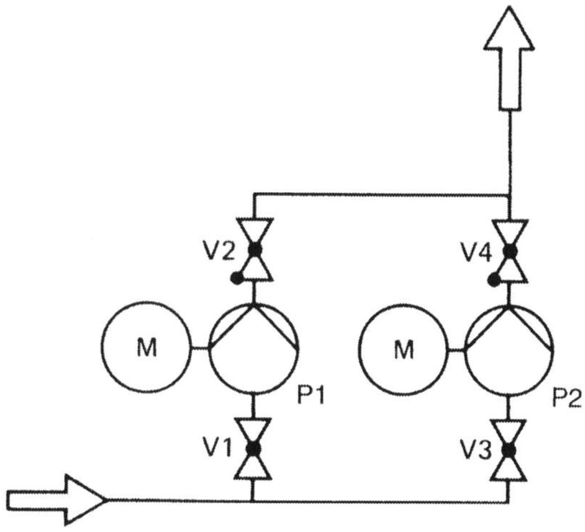

1. V1, V2
2. V3, V4
3. V2, V4
4. V1, V3
5. V2, V3

66

Was wird in der Kommunikationstechnik unter dem Begriff „LAN" verstanden?

1. Eine Lösung für andere Netzwerkbenutzer
2. Ein den Globus umspannendes Computernetzwerk
3. Ein firmen- oder standortbezogenes Computernetzwerk
4. Ein einzelner Computer ohne Netzwerkanbindung
5. Ein Zusammenschluss aller Netzanbieter

67

In welchem Fall spricht man in der Computertechnik von Onlinebetrieb?

1. Wenn Dialoggeräte und Ausgabegeräte kombiniert betrieben werden
2. Wenn externe Geräte in direkter Verbindung mit der Zentraleinheit betrieben werden
3. Wenn externe Geräte nicht in direkter Verbindung mit der Zentraleinheit betrieben werden
4. Wenn Erfassungsgeräte und Eingabegeräte kombiniert betrieben werden
5. Wenn Dialoggeräte und Erfassungsgeräte direkt miteinander verbunden sind

68

Dem Signalfluss einer Steuerung liegt das EVA-Prinzip zugrunde. In welcher Zeile der Tabelle ist den drei Buchstaben die richtige Bedeutung zugeordnet?

	E	V	A
1	Einlass	Vergrößerung	Auslass
2	Eingang	Vernetzung	Ausgang
3	EIN-Taster	Verkabelung	AUS-Taster
4	Eingabe	Verarbeitung	Ausgabe
5	Eingabe	Vergrößerung	Ausgabe

69

Was versteht man bei der Datenverarbeitung unter einer Schnittstelle?

1. Eine Programmabbruchstelle
2. Eine Programmverzweigung
3. Eine Trennungsmarke in einer Textdatei
4. Einen Datenübergabepunkt zwischen Zentraleinheit und Peripheriegerät
5. Die Nachkommastelle, an der zu lange Zahlen abgeschnitten werden

70

Wie groß ist der Durchmesser d (in m) des Behälters, wenn sein Umfang U = 15,70 m beträgt?

(1) d = 2,50 m

(2) d = 3,96 m

(3) d = 5,00 m

(4) d = 7,85 m

(5) d = 10,00 m

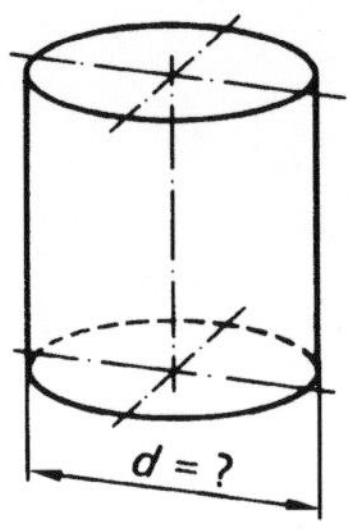

Nebenrechnung Aufgabe 70:

71

Der skizzierte Reinigungstrog hat eine rechteckige Grundfläche von A = 600 cm². Wie hoch ist der Flüssigkeitsstand h (in cm), wenn 30 L Flüssigkeit eingefüllt werden?

(1) h = 3,2 cm

(2) h = 5,0 cm

(3) h = 20,0 cm

(4) h = 32,0 cm

(5) h = 50,0 cm

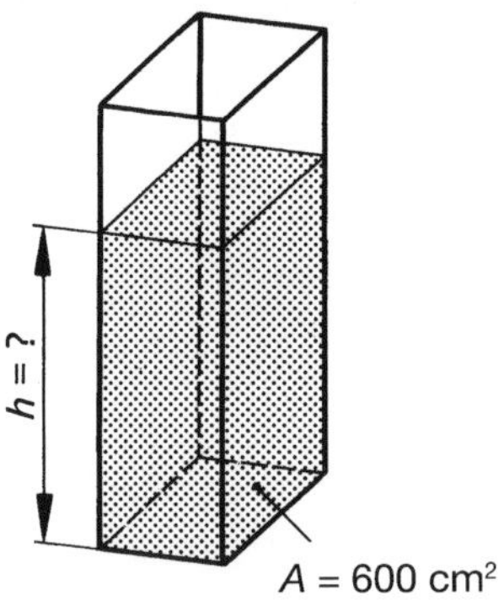

Nebenrechnung Aufgabe 71:

72

Wie groß ist die gestreckte Länge L (in cm) des skizzierten Bügels aus Rundstahl (Maße in mm)?

(1) L = 21 cm

(2) L = 22 cm

(3) L = 28 cm

(4) L = 30 cm

(5) L = 31 cm

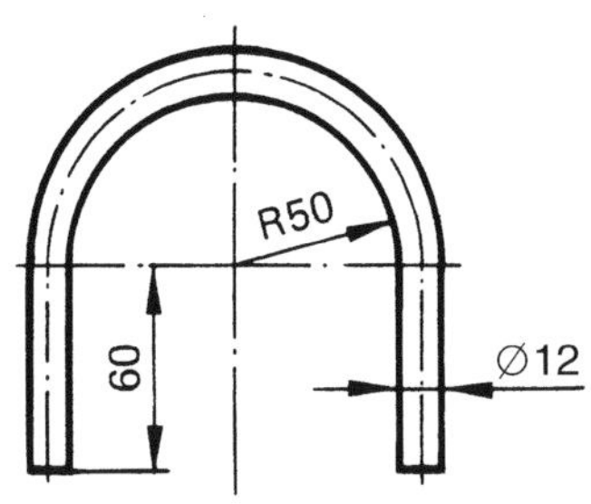

Nebenrechnung Aufgabe 72:

73

Wie groß ist bei der skizzierten Lochplatte die Teilung *p* (in mm)?

(1) $p = 70$ mm

(2) $p = 75$ mm

(3) $p = 80$ mm

(4) $p = 85$ mm

(5) $p = 90$ mm

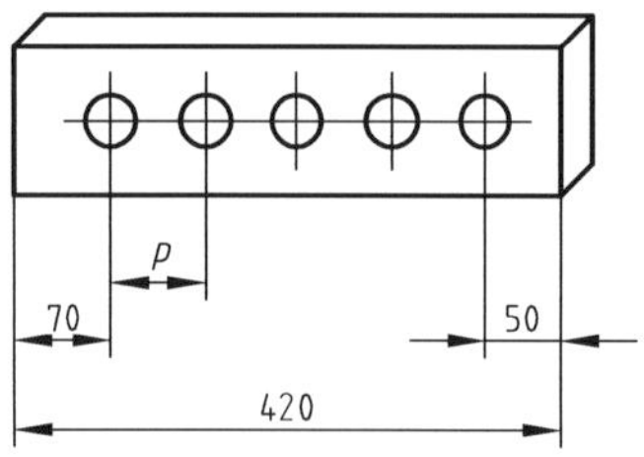

Nebenrechnung Aufgabe 73:

74

Der skizzierte Mast soll durch eine Strebe abgestützt werden. Welche Länge *L* (in m) muss die Strebe haben?

(1) $L = 11$ m

(2) $L = 12$ m

(3) $L = 13$ m

(4) $L = 17$ m

(5) $L = 18$ m

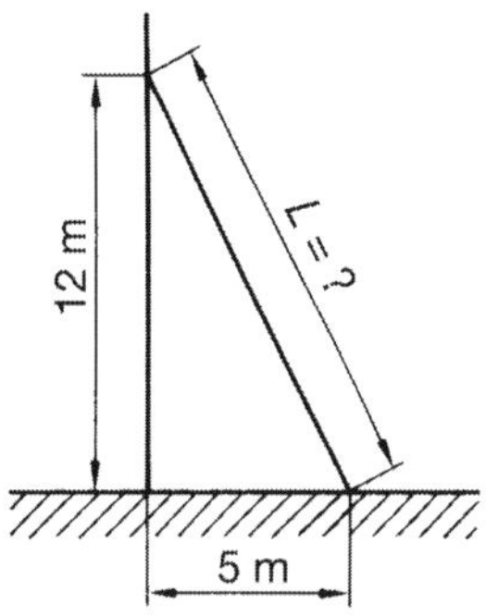

Nebenrechnung Aufgabe 74:

75

Ein Rechteck mit $A = 841\ mm^2$ soll durch ein flächengleiches Quadrat ersetzt werden.
Wie groß ist die Kantenlänge *a* (in mm) des Quadrats?

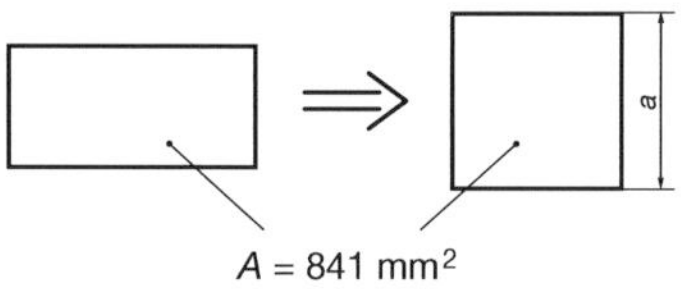

(1) $a = 17$ mm

(2) $a = 21$ mm

(3) $a = 29$ mm

(4) $a = 42$ mm

(5) $a = 71$ mm

Nebenrechnung Aufgabe 75:

U76

Bezeichnen Sie die Linienarten 1 bis 5 und nennen Sie jeweils ein Anwendungsbeispiel.

Aufgabenlösung:

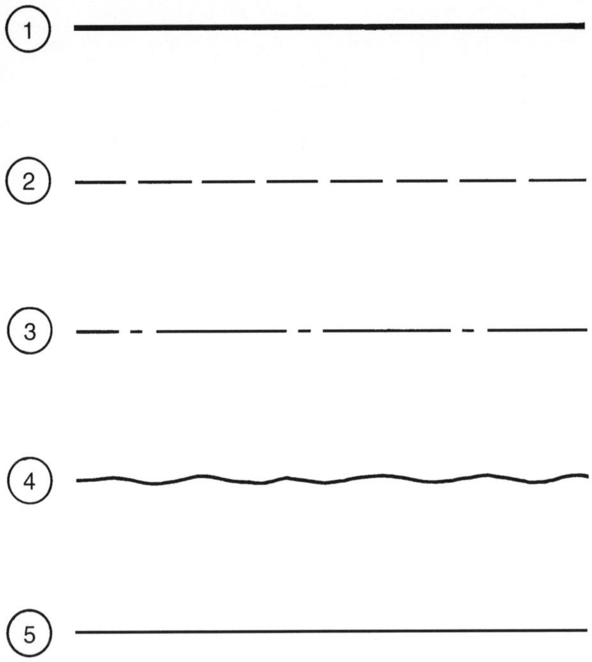

U77

Ergänzen Sie die Bemaßung ohne Maßzahlen.

Aufgabenlösung:

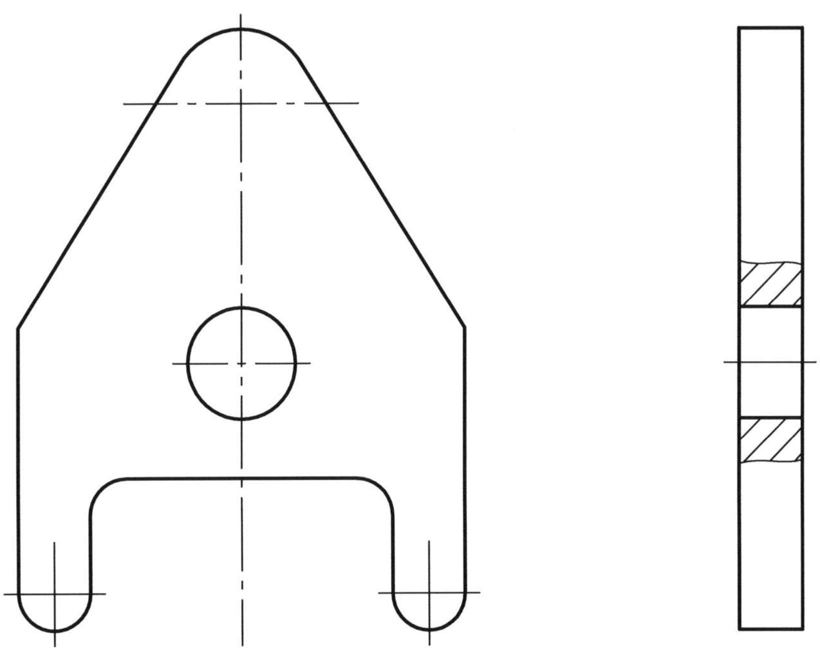

U78

Um beim Herstellen eines Produkts das erforderliche Ergebnis zu erhalten, muss das Produkt in Abhängigkeit von der Wanddicke *s* (in mm) mit unterschiedlichen Geschwindigkeiten *v* (in m/h) gefahren werden.
Stellen Sie die durch Versuche ermittelten Ergebnisse aus der Tabelle in einem Kurvendiagramm dar.

Wanddicke *s* (in mm)	0,8	1,4	2,0	2,4	3,0	3,4	4,0	4,5	5,0
Geschwindigkeit *v* (in m/h)	76,0	49,2	36,1	30,5	24,7	21,7	18,5	16,4	14,8

Aufgabenlösung:

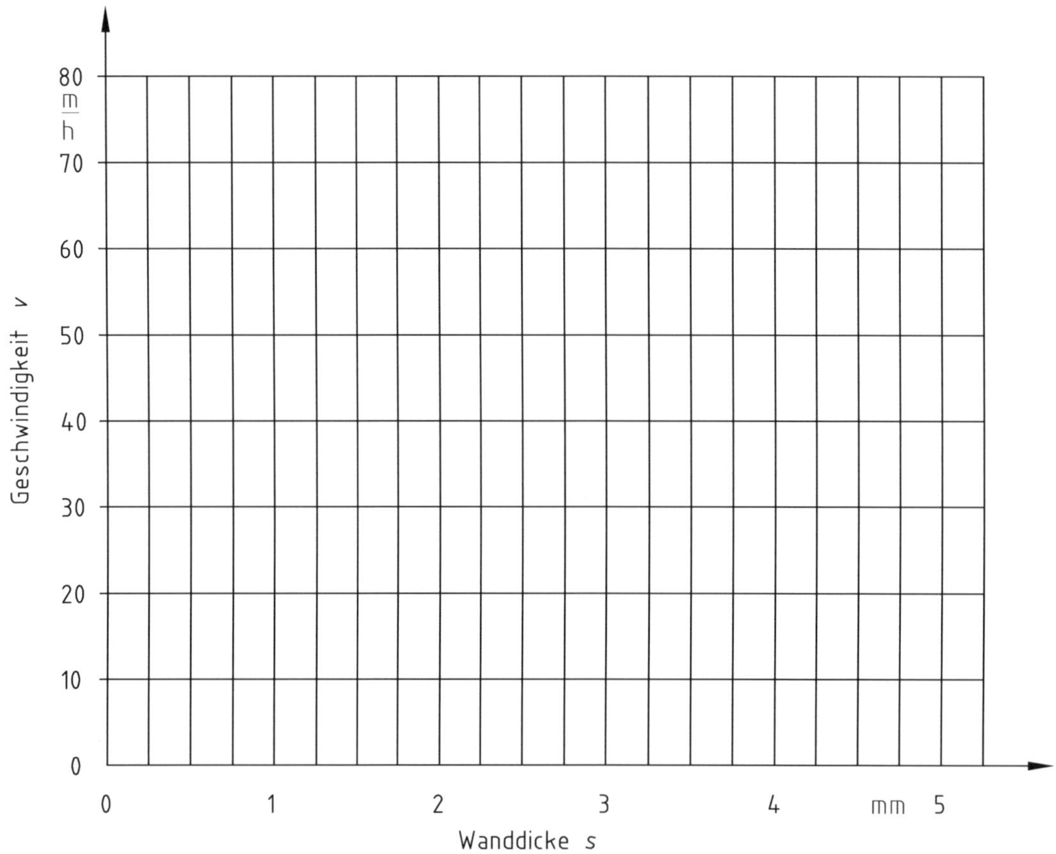

U79

Welche logischen Funktionen erfüllen die dargestellten Ventile und wie werden sie bezeichnet?

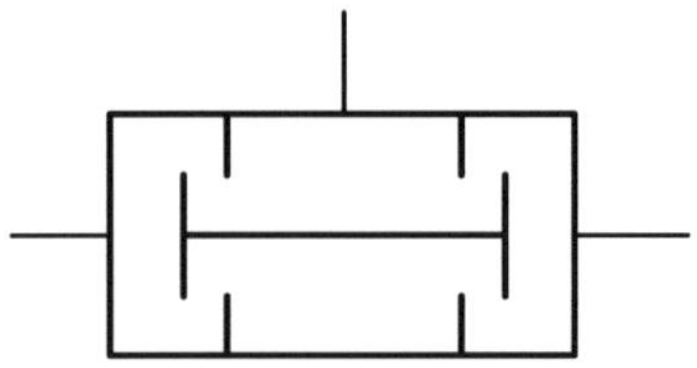

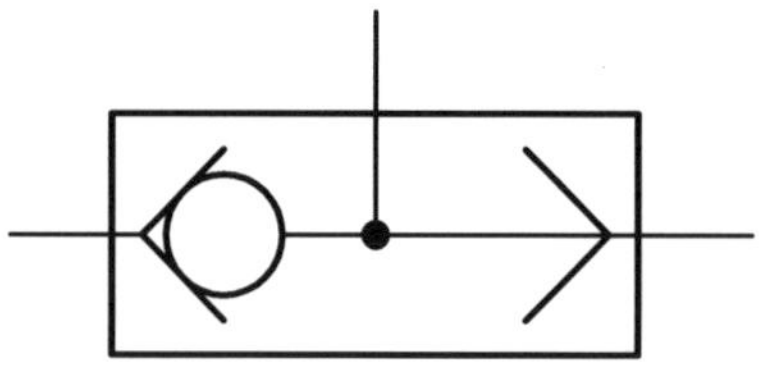

Aufgabenlösung:

U80

Wie groß ist die gestreckte Länge L (in mm) des skizzierten Rohrs (Maße in mm)?

Das Ergebnis ist mit zwei Stellen nach dem Komma anzugeben.

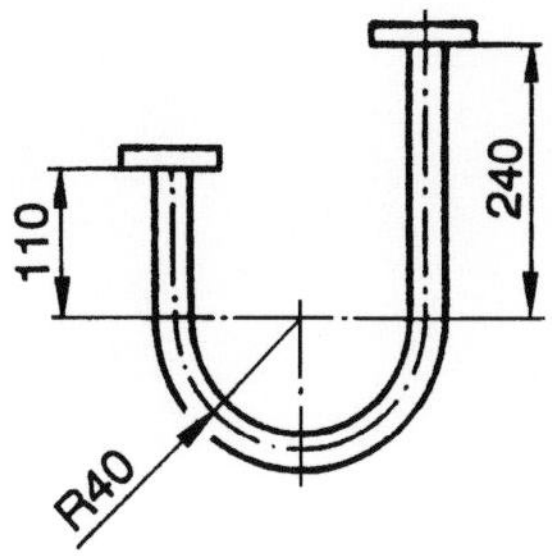

Aufgabenlösung:

U81

Wie groß ist die Fläche A (in cm^2) des Trapezes?

Das Ergebnis ist ganzzahlig anzugeben.

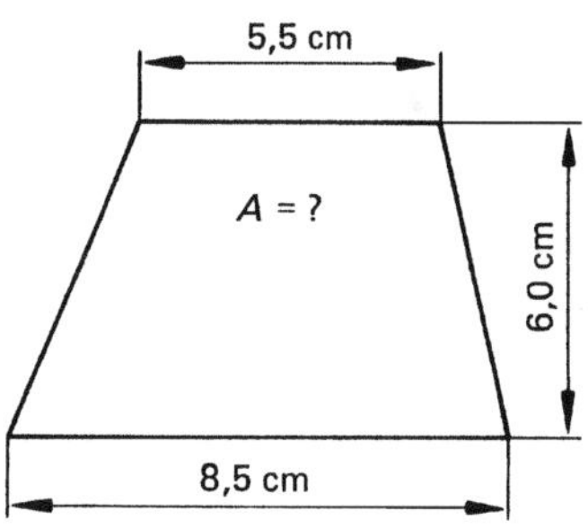

Aufgabenlösung:

82

Wie wird ein Werkstoff bezeichnet, der durch Zusammenschmelzen von zwei unterschiedlichen Metallen entsteht?

1. Metallische Schmelze
2. Legierung
3. Reinmetall
4. Kohlenstoff
5. Chemische Verbindung

83

In welcher Auswahlantwort sind die angegebenen Werkstoffe den Werkstoffgruppen richtig zugeordnet?

	Metalle	Kunststoffe	Verbundstoffe
1	Baustahl	Aluminiumoxid	Diamant
2	Aluminium	Holz	Hartmetall
3	Gusseisen	Polyethylen	Hartmetall
4	Beton	Kohlenstoff	Titan
5	Polyamid	Porzellan	Glas

84

Mit welchem Kurzzeichen werden die Werkstoffe Aluminium und Kupfer gekennzeichnet?

1. Ag und Co
2. Al und Cu
3. Au und Ku
4. Fe und Kp
5. Am und Kf

85

Wann zählt ein Stahl zu den nichtrostenden Stählen?

1. Wenn er eine silber glänzende Oberfläche hat
2. Wenn seine Legierungsbestandteile in Summe 5 % betragen
3. Wenn er warmgewalzt oder blankgezogen ist
4. Wenn er einen Chromgehalt von mindestens 10,5 % hat
5. Wenn sein Kohlenstoffgehalt unter 2,0 % liegt

86

In welche Gruppen werden die Kunststoffe eingeteilt?

1. Lösliche Kunststoffe, nicht lösliche Kunststoffe
2. Thermoplaste, Duroplaste, Elastomere
3. Naturstoffe, chemische Stoffe, Legierungen
4. Hoch schmelzende Kunststoffe, niedrig schmelzende Kunststoffe
5. Warmfeste Kunststoffe, temperaturbeständige Kunststoffe

87

Welche Stoffe werden als Ausgangsprodukte für die Mehrzahl der Kunststoffe verwendet?

1. Holz, Sauerstoff, Kohlenstoff
2. Wasser, Naturgummi, Tonerde
3. Erze, Quarzsand, Stickstoff
4. Erdöl, Erdgas, Kohle
5. Aluminiumoxid, Glimmer, Wasserstoff

88

Welche Werkstoffeigenschaft ist richtig beschrieben?

1. Dichte: Fähigkeit, Wärmeenergie in sich zu leiten
2. Plastizität: Widerstand gegen plastische Verformung
3. Elastizität: Quotient aus Masse und Volumen eines Körpers
4. Härte: Widerstand gegen das Eindringen eines Prüfkörpers
5. Zähigkeit: Widerstand gegen eine bleibende elastische Verformung

89

Welche Werkstoffeigenschaft z. B. bei Kunststofflagern wird durch die Messung des Abriebwiderstands bestimmt?

1. Verschleißverhalten
2. Oberflächenhärte
3. Zerspanbarkeit
4. Oberflächenglanz
5. Gleiteigenschaft

90

Welche Eigenschaft haben Thermoplaste?

1. Härtbar
2. Schmelzbar
3. Große Dichte
4. Temperaturbeständig
5. Elektrische Leitfähigkeit

91

Wie nennt man eine von der Oberfläche ausgehende Zerstörung metallischer Werkstoffe unter Einfluss von Sauerstoff und Luftfeuchtigkeit?

1. Reduktion
2. Dispersion
3. Kompression
4. Korrosion
5. Erosion

92

Sie haben ein Werkstück entrostet. Warum sollte sofort nach dem Entrosten ein Schutzanstrich aufgebracht werden?

1. Weil sich direkt nach dem Entrosten Metall und Lack chemisch gut verbinden
2. Weil direkt nach dem Entrosten der Stahl sehr glatt ist und der Lack in das Metall tief eindringen kann
3. Weil direkt nach dem Entrosten die Adhäsion (Anhangskraft) noch nicht so groß ist
4. Weil direkt nach dem Entrosten das Metall noch warm ist und der Lack besser verläuft
5. Weil direkt nach dem Entrosten die Rostbildung sofort wieder einsetzt

93

Welche Korrosionsart ist dargestellt?

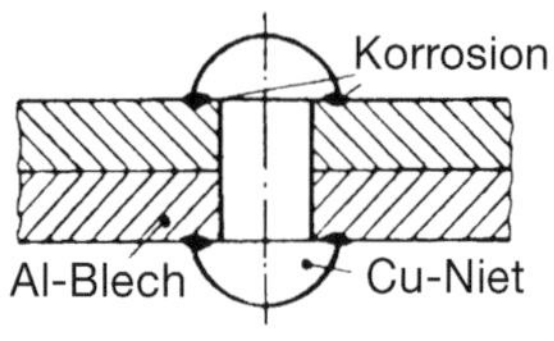

1. Flächenkorrosion
2. Punktkorrosion
3. Kontaktkorrosion
4. Nietkorrosion
5. Lochkorrosion

94

Bei welchem Verbindungselement ist die Nennlänge *l* richtig angegeben?

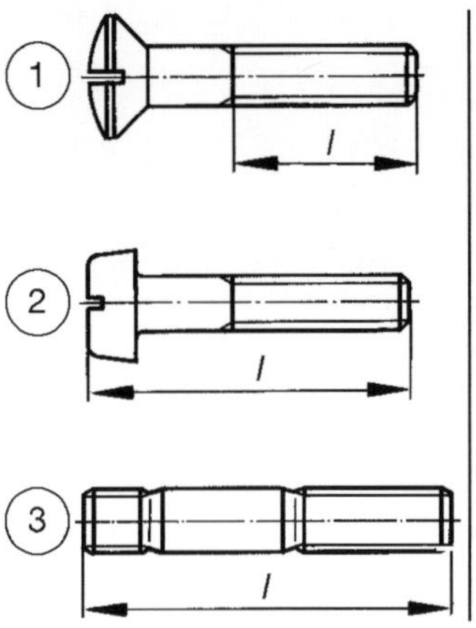

95

In einer Stückliste steht die Bezeichnung: Sechskantschraube ISO 4014 – M5 × 45.
Welches Maß gibt die Zahl 45 an?

1. Maß *a*
2. Maß *b*
3. Maß *c*
4. Maß *d*
5. Maß *e*

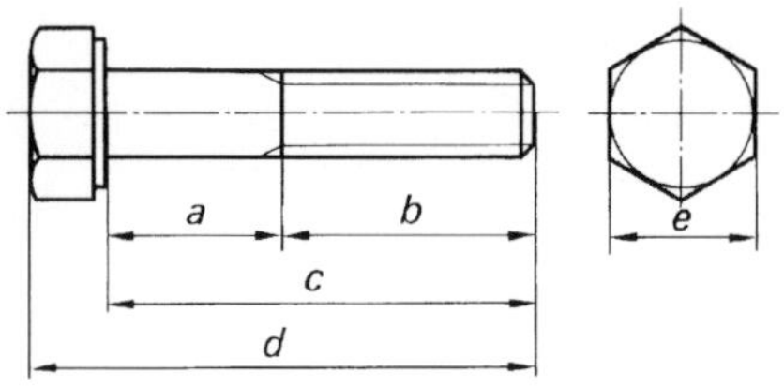

96

Welche Aussage über die skizzierte Schraubverbindung ist richtig?

1. Zwischen Pos.-Nr. 3 und der Mutter muss eine Scheibe montiert werden
2. Zwischen Schraubenschaft und den Bohrungen in Pos.-Nrn. 1 bis 3 darf kein Spiel sein
3. Die Schraubverbindung ist so in Ordnung
4. Die Sechskantmutter ist überflüssig
5. Der Schraubenüberstand (*v*) muss mindestens zweimal Mutterhöhe betragen

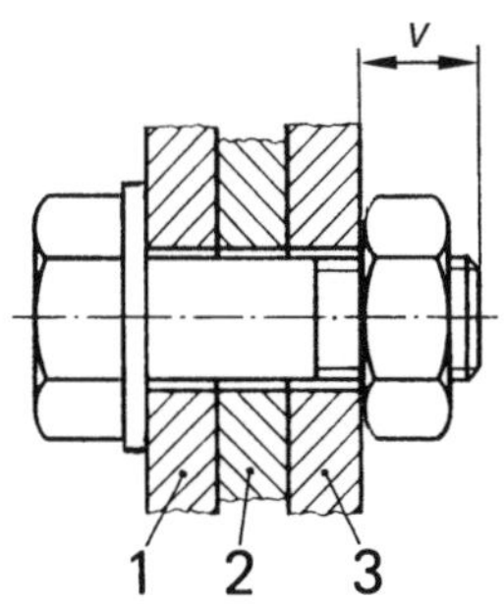

97

Unter welcher Mutter steht die richtige Benennung?

1. 
Rändelmutter
2. 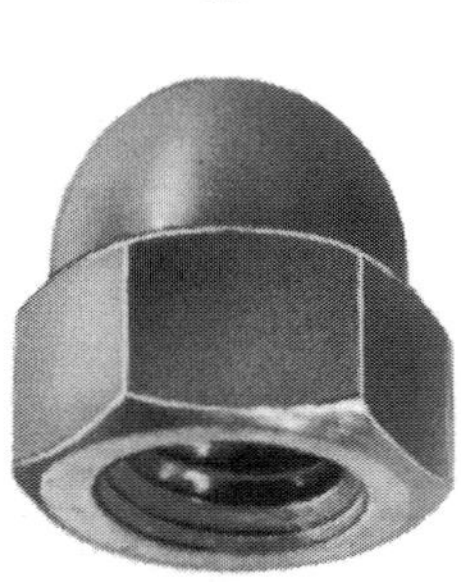
Hutmutter
3. 
Splintmutter
4. 
Kronenmutter
5. 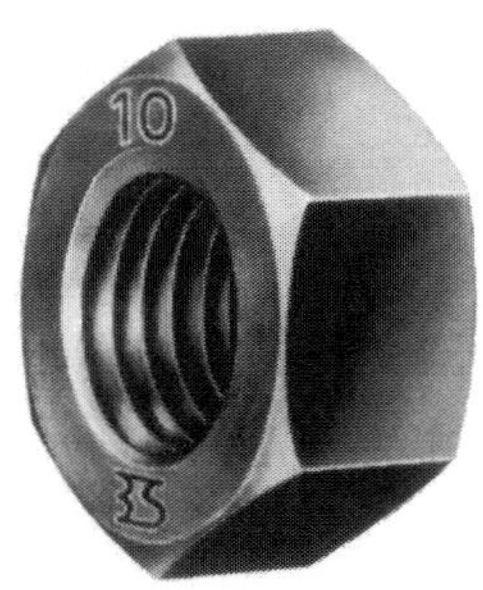
Nutmutter

98

Welche Feder ist abgebildet?

1 Passfeder
2 Spiralfeder
3 Blattfeder
4 Zugfeder
5 Tellerfeder

99

Welche Aussage zu Wellen ist richtig?

1 Wellen unterscheiden sich von Achsen durch ihre Form
2 Wellen übertragen Drehbewegungen und Drehmomente
3 Wellen werden vor allem auf Biegung beansprucht
4 Wellen sind ausschließlich fest stehende Maschinenteile
5 Wellen tragen drehende Maschinenteile

100

Welche Aufgabe haben Gelenkwellen bei Kraftübertragungen?

1 Sie bewirken einen federnden Antrieb und fangen Anlaufspitzen ab
2 Sie übertragen Drehmomente verlustfrei
3 Sie entlasten die Lager der Welle
4 Sie verhindern Stöße bei der Kraftübertragung vom Motor auf die Welle
5 Sie ermöglichen die Übertragung von Drehmomenten zwischen Wellen, deren Mitten zueinander versetzt sind

101

Was versteht man unter guten Notlaufeigenschaften bei Gleitlagern?

1 Das Lager benötigt kein Schmiermittel
2 Es handelt sich um ein Sinterlager mit Dauerschmierung
3 Bei Ausfall der Schmierung frisst sich das Lager nicht sofort fest
4 Das Lager kann wahlweise mit und ohne Schmierung eingesetzt werden
5 Es handelt sich um ein Kunststofflager, welches grundsätzlich ohne Schmierung läuft

102

Welchen Nachteil haben Flachriementriebe gegenüber Kettentrieben?

1 Wirken stoßmindernd
2 Laute Übertragungsgeräusche
3 Schlupf
4 Geringe Schwingungsdämpfung
5 Große Laufruhe

103

Die Skizze zeigt eine Rollenkette.
Welcher Begriff muss an der mit F gekennzeichneten Stelle eingetragen werden?

1 Teilung
2 Führungsblech
3 Hülse
4 Innenlasche
5 Montageklammer

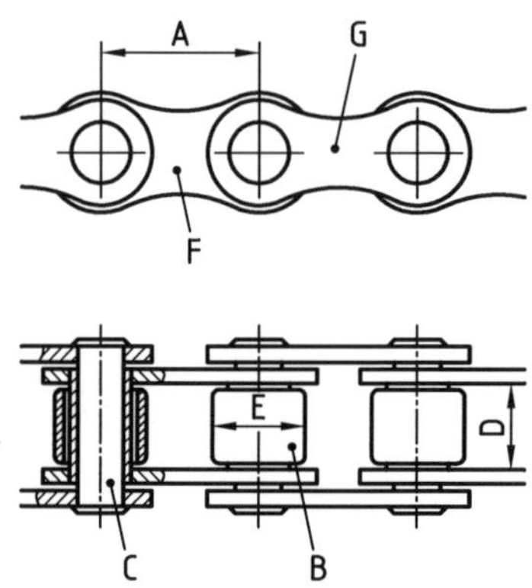

104

In einer Produktion werden von 8 Arbeitern monatlich 220 000 Maschinenteile hergestellt.
Auf welche Zahl muss die Belegschaft vergrößert werden, wenn in einem Monat 605 000 Maschinenteile gefertigt werden sollen?

(1) 16 Arbeiter
(2) 22 Arbeiter
(3) 24 Arbeiter
(4) 29 Arbeiter
(5) 36 Arbeiter

Nebenrechnung Aufgabe 104:

105

In 12 Stunden werden von 6 Facharbeitern 960 Werkstücke gefertigt.
Wie viele Facharbeiter werden benötigt, um in 35 Stunden 4 200 Werkstücke zu fertigen?

(1) 3 Facharbeiter
(2) 6 Facharbeiter
(3) 9 Facharbeiter
(4) 12 Facharbeiter
(5) 15 Facharbeiter

Nebenrechnung Aufgabe 105:

106

Für die Fertigung und Montage einer Produktionsanlage benötigen 4 Facharbeiter 10 Arbeitstage bei 8 Arbeitsstunden pro Tag. Nach 2,5 Arbeitstagen werden zwei Arbeiter für andere Aufgaben abgezogen. Um wie viele Arbeitstage verzögert sich die Fertigstellung der Anlage?

(1) 2,5 Tage
(2) 5,0 Tage
(3) 7,5 Tage
(4) 10,0 Tage
(5) 12,5 Tage

Nebenrechnung Aufgabe 106:

107

Eine Dose mit $V = 5{,}0$ L Lack kostet 46,– EUR. Wie hoch sind die Materialkosten (in EUR) für eine Lackierung, für die $V_1 = 2{,}7$ L Lack verbraucht wurden?

(1) 21,46 EUR

(2) 22,46 EUR

(3) 23,24 EUR

(4) 24,84 EUR

(5) 26,95 EUR

Nebenrechnung Aufgabe 107:

108

Wie viel EUR Zinsen erbringt ein Guthaben von 640,– EUR in 3 Jahren, wenn es mit 3,5 % verzinst wird? (Ohne Zinseszins)

(1) 16,40 EUR

(2) 54,85 EUR

(3) 60,95 EUR

(4) 67,20 EUR

(5) 74,67 EUR

Nebenrechnung Aufgabe 108:

109

In einem Behälter sind $V = 5$ L Kraftstoff mit einer Masse von $m = 3{,}9$ kg. Welche Masse m_2 (in kg) hat der Behälter, wenn er mit seinem Nennvolumen von $V_2 = 12$ L befüllt wird und eine Eigenmasse von $V_B = 1{,}2$ kg hat?

(1) $m_2 = 5{,}10$ kg

(2) $m_2 = 9{,}36$ kg

(3) $m_2 = 10{,}56$ kg

(4) $m_2 = 14{,}18$ kg

(5) $m_2 = 15{,}38$ kg

Nebenrechnung Aufgabe 109:

U110

Nichteisenmetalle werden in Schwer- und Leichtmetalle unterschieden.
Nennen Sie jeweils drei Leichtmetalle und drei Schwermetalle.

Aufgabenlösung:

U111

Nennen Sie jeweils zwei Vor- und zwei Nachteile, die ein thermoplastischer Kunststoff gegenüber Stahl hat.

Aufgabenlösung:

U112

Nennen Sie vier technische Kunststoffe und deren Kurzbezeichnung.

Aufgabenlösung:

U113

Die Abbildungen zeigen zwei Möglichkeiten für die Verbindung verschiedener Metalle mithilfe einer Niete.
Welche Variante ist hinsichtlich des Korrosionsschutzes sinnvoller?
Begründen Sie Ihre Entscheidung.

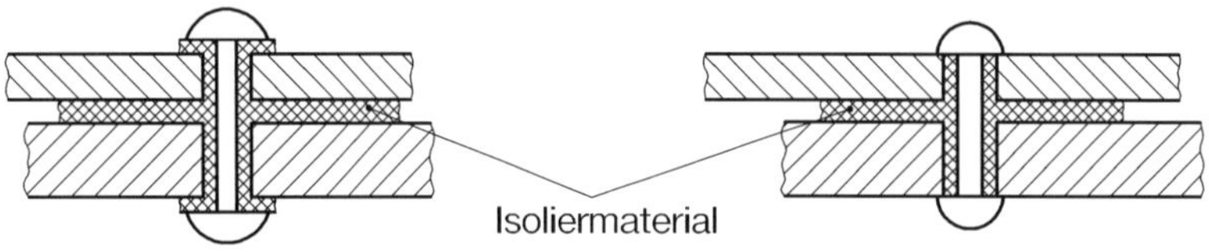

Variante 1 Variante 2

Aufgabenlösung:

U114

Ergänzen Sie die wesentlichen Eigenschaften von Gleit- und Wälzlagern entsprechend den Kriterien in der Tabelle.

Aufgabenlösung:

Kriterien	**Gleitlager**	**Wälzlager**
Reibung beim Anlauf	Groß bei Trocken- und Mischreibung, gering bei Flüssigkeitsreibung	
Laufgeräusche		Groß
Schmierstoff-verbrauch		Gering
Austauschbarkeit	Aufwendig	
Lebensdauer	Bei Flüssigkeitsreibung unbegrenzt, sonst je nach Beanspruchung	

U115

Im Set kosten drei Messeinrichtungen zusammen 148,– EUR. Für die Anlage werden 9 Messeinrichtungen benötigt.
Wie hoch sind die Gesamtkosten (in EUR)?

Aufgabenlösung:

U116

In einer Probe mit V_P = 500 mL Abwasser sind 18,2 mg Säure enthalten.
Welche Masse an Säure m (in kg) enthalten V = 250 m^3 Abwasser?

Das Ergebnis ist mit einer Stelle nach dem Komma anzugeben.

Aufgabenlösung:

117

In der Prüftechnik wird zwischen Messen und Lehren unterschieden. Welche Aussage beschreibt den Begriff Lehren?

(1) Beim Lehren ist das Ergebnis das Istmaß

(2) Lehren ist der Oberbegriff des Prüfens

(3) Lehren ist das Vergleichen des Prüfgegenstands mit einer Lehre

(4) Lehren kann man nur unter Zuhilfenahme einer Messuhr

(5) Beim Lehren erhält man einen Zahlenwert

118

In der Prüftechnik wird zwischen Messen und Lehren unterschieden. Welche Aussage beschreibt den Begriff Messen?

(1) Beim Messen ist das Ergebnis eine Aussage darüber, ob der Prüfgegenstand maßgenau oder Ausschuss ist

(2) Messen ist der Oberbegriff des Prüfens

(3) Messen ist das Vergleichen des Prüfgegenstands mit einer Lehre

(4) Messen kann man nur indirekt

(5) Beim Messen erhält man als Ergebnis einen Zahlenwert

119

Was gehört neben Messgeräten und Hilfsmitteln noch zu den Prüfmitteln?

(1) Toleranzfelder

(2) Werkzeuge

(3) Erstmuster

(4) Lehren

(5) Werkstücke

120

Welchen Vorteil hat der Messschieber im Bild 2 gegenüber dem Messschieber im Bild 1?

(1) Die Handwärme hat keinen Einfluss auf das Messergebnis

(2) Die Messkraft hat keinen Einfluss auf das Messergebnis

(3) Ein Ablesefehler durch Parallaxe ist ausgeschlossen

(4) Er eignet sich besser zum Messen erwärmter Werkstücke

(5) Er kann auch schräg angesetzt werden

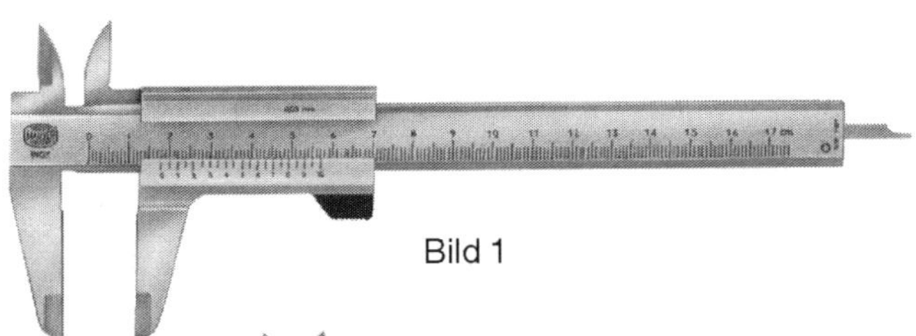

Bild 1

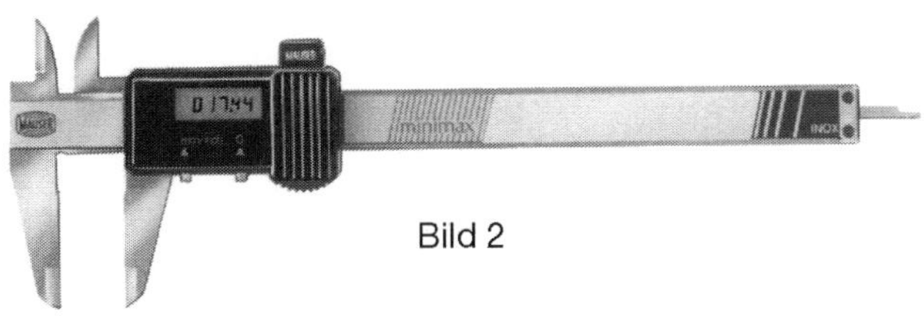

Bild 2

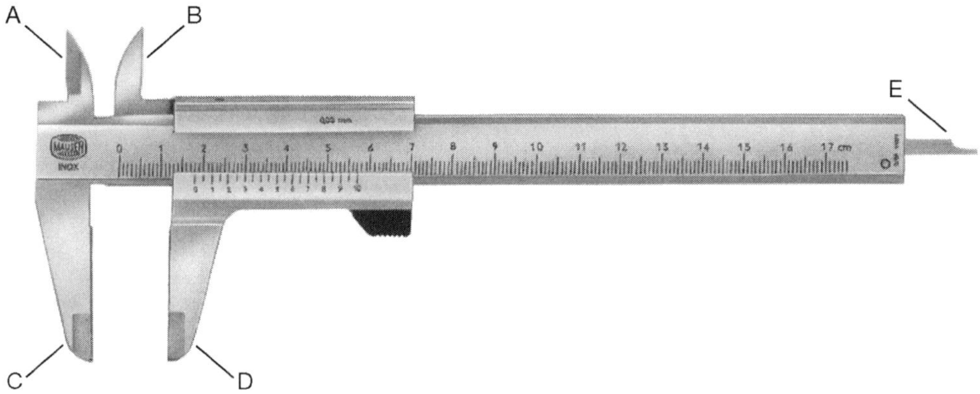

Bild a

121

Bild a. Mit welchen Messschenkeln wird ein Innenmaß gemessen?

1. A und B
2. A und C
3. C und D
4. C und B
5. D und A

122

Bild a. Mit welchem Bauteil des Messschiebers wird die Tiefe eines Grundlochs gemessen?

1. A
2. B
3. C
4. D
5. E

123

Das Bild zeigt den Ausschnitt der Strichskale mit Nonius eines eingestellten Messschiebers.
Welches Maß zeigt der Messschieber an?

1. 7,6 mm
2. 17,6 mm
3. 18,6 mm
4. 36,6 mm
5. 117,6 mm

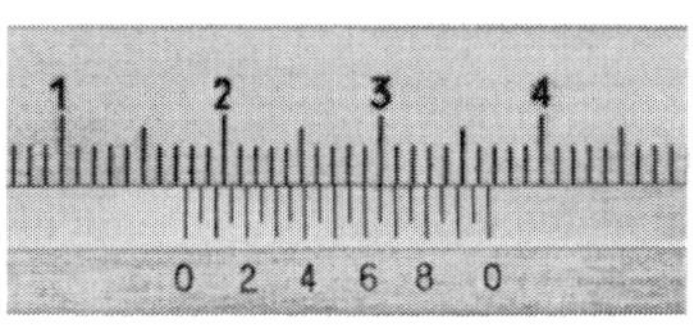

124

An einem Werkstück müssen Längenmaße gemessen werden. Wonach richtet sich vor allem die Auswahl des Messgeräts?

1. Nach dem Werkstoff des Werkstücks
2. Nach der notwendigen Messkraft für das Messgerät
3. Nach der zulässigen Toleranz der Maße des Werkstücks
4. Nach der Oberflächenbeschaffenheit des Werkstücks
5. Nach der Umgebungstemperatur und der Temperatur des Werkstücks

125

In welcher Antwort werden Messgerät und Messvorgang richtig zugeordnet?

1. Manometer – Strömungsmessung
2. Barometer – Feuchtigkeitsmessung
3. Waage – Gewichtskraftmessung
4. Amperemeter – Spannungsmessung
5. Thermometer – Entfernungsmessung

126

Was wird mit einem Manometer gemessen?

1. Die Dichte von Flüssigkeiten
2. Die Temperatur an Heizanlagen
3. Die Durchflussmenge
4. Der Gas- oder Flüssigkeitsdruck
5. Die Umdrehungsfrequenz von Pumpen

127

Worauf beruht die Wirkungsweise der Flüssigkeits-Thermometer?

1. Schmelzpunkt
2. Volumenausdehnung
3. Wärmeleitfähigkeit
4. Dichte
5. Masse

128

Auf welcher physikalischen Eigenschaft beruht die Wirkungsweise eines Bimetallthermometers?

1. Wärmeleitfähigkeit
2. Wärmestrahlung
3. Spezifische Wärmekapazität
4. Wärmeausdehnung
5. Wärmeübertragung

129

Bei welchem Messgerät wird als Messprinzip das Verhalten von zwei verschiedenen Materialien ausgenutzt?

1. Widerstandsthermometer
2. Thermoelement
3. Elektronischer Feinzeiger
4. Schrägrohrmanometer
5. Ultraschall-Durchflussmesser

130

Welche Messung wird mit einem Schwebekörper durchgeführt?

1. Entfernungsmessung
2. Dichtemessung
3. Durchflussmessung
4. Differenzmessung
5. Volumenmessung

131

Welches Maß wird beim Messen ermittelt?

1. Nennmaß
2. Abmaß
3. Grenzmaß
4. Mindestmaß
5. Istmaß

132

Was kann zu einem Messfehler führen?

1. Fehler am Messgerät, Gratbildung am Werkstück
2. Verwendung zulässiger Messgeräte, vorgegebene Messkraft
3. Ebene Lineale, saubere Werkstücke
4. Werkstückmessung bei Raumtemperatur, geprüfte Messgeräte
5. Saubere Arbeitsumgebung, gute Unterweisung

133

Welche Auswirkung hat eine zu große Messkraft beim Messen eines Wellendurchmessers mit einem Messschieber?

1. Das Messergebnis ist zu groß
2. Das Messergebnis ist zu klein
3. Der feste Messschenkel wird aufgebogen, der Messschieber wird unbrauchbar
4. Die Tiefenmessstange verbiegt sich
5. Der Nonius wird größer

134

Welche Aussage trifft auf Messmittel zu?

1. Messmittel müssen sehr stabil und robust gebaut sein, damit sie sich nicht verändern
2. Für Messungen beträgt die Bezugstemperatur immer 220 K
3. Messmittel sollten vor Gebrauch mit einem Referenzmaß geprüft werden
4. Temperaturänderungen haben keinen Einfluss auf die Messmittel
5. Messmittel müssen nach jedem Gebrauch mit Öl vor Rost geschützt werden

135

Was hat die größte Bedeutung für die Festlegung der Größe der Toleranzen an einem Werkstück?

1. Die Form des Werkstücks
2. Das Fertigungsverfahren
3. Der Verwendungszweck des Werkstücks
4. Die Art der verwendeten Werkzeuge
5. Der Werkstoff des Werkstücks und die Genauigkeit der vorhandenen Prüfmittel

136

In welcher Auswahlantwort sind der Messgröße Formelzeichen und Einheit richtig zugeordnet?

	Messgröße	Formelzeichen	Einheit
1	Temperatur	t	mol
2	Masse	m	kg
3	Volumenstrom	Q	m^2/s
4	Füllstand	h	°C
5	pH-Wert	π	J

137

Wie lautet das Ergebnis der folgenden Aufgabe?

$\frac{8}{9} + \frac{5}{6} + \frac{1}{2} - \frac{2}{3} = ?$

(1) $\frac{8}{51}$

(2) $\frac{17}{19}$

(3) $\frac{6}{7}$

(4) $1\frac{5}{9}$

(5) $1\frac{2}{3}$

Nebenrechnung Aufgabe 137:

138

Welche Gesamtlänge L (in m) ergibt sich aus folgenden Teillängen?
1,25 m + 65 mm + 285 cm + 1 009 mm + 5,6 cm = ?

(1) L = 2,67 m

(2) L = 5,23 m

(3) L = 5,73 m

(4) L = 5,82 m

(5) L = 15,49 m

Nebenrechnung Aufgabe 138:

139

Eine Fläche ist mit $A_o = 4{,}43\ m^2$ angegeben.
Welcher Fläche A (in cm^2) entspricht dies?

(1) A = 4 430 000 cm^2

(2) A = 44 300 cm^2

(3) A = 4 430,00 cm^2

(4) A = 443,00 cm^2

(5) A = 44,30 cm^2

Nebenrechnung Aufgabe 139:

140

Aus einem Filtertuch mit einer Fläche von A = 1 m² werden folgende Stücke herausgeschnitten:
3 000 cm², 200 000 mm², 10 dm², 1 500 cm²
Wie groß ist die Restfläche A_R (in m²)?

(1) $A_R = 0{,}10\ m^2$

(2) $A_R = 0{,}12\ m^2$

(3) $A_R = 0{,}15\ m^2$

(4) $A_R = 0{,}25\ m^2$

(5) $A_R = 0{,}40\ m^2$

Nebenrechnung Aufgabe 140:

141

Ein Desinfektionsmittel wird aus einem quaderförmigen Kanister mit folgenden Abmessungen abgefüllt:

Länge l_K = 250 mm, Breite b_K = 12,5 cm, Flüssigkeitshöhe h_F = 2,0 dm.

Wie viel Liter Desinfektionsmittel befinden sich im Kanister?

(1) 0,625 L

(2) 6,250 L

(3) 62,500 L

(4) 225,000 L

(5) 6250,000 L

Nebenrechnung Aufgabe 141:

142

Welche Umrechnungsgleichung ist richtig?

(1) 3,78 ha = 3 780 m²

(2) 450 mbar = 45 bar

(3) 230 mL = 0,23 L

(4) 34 m/s = 204 m/min

(5) 370 L = 370 cm³

Nebenrechnung Aufgabe 142:

U143

In welche zwei Prüfarten wird das Prüfen grundsätzlich unterschieden?

Aufgabenlösung:

U144

Ordnen Sie den Bildern die richtigen Prüftätigkeiten Messen und Lehren zu.

Aufgabenlösung:

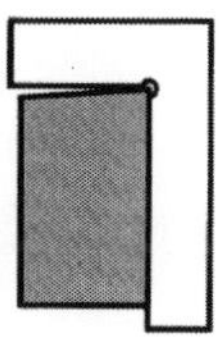

____

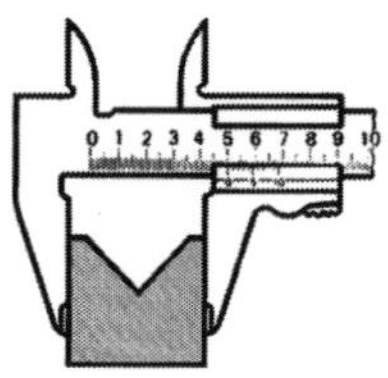

____

____

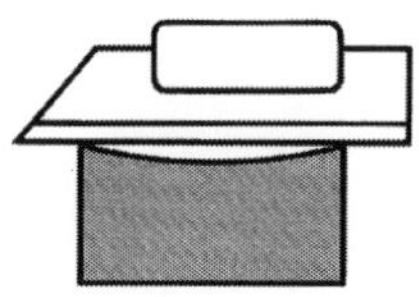

____

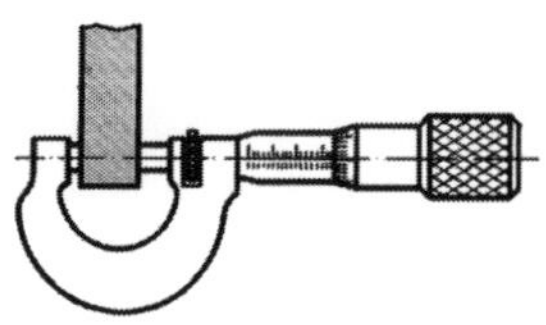

____

U145

Nennen Sie vier Prüfmittel, mit denen an zylindrischen Werkstücken (z. B. Wellen) eine Kontrolle des Durchmessers ausgeführt werden kann.

Aufgabenlösung:

U146

Erläutern Sie am Beispiel einer Waage die Begriffe

1. Eichen,
2. Kalibrieren,
3. Justieren.

Aufgabenlösung:

U147

Nennen Sie zwei Vorteile von digitalen gegenüber analogen Messwertanzeigen.

Aufgabenlösung:

U148

Für Versuchszwecke werden Konzentrate in folgenden Volumen gemischt:

70 dL + 1,24 L + 320 cm^3 + 600 mL + 620 cL

Berechnen Sie das Gesamtvolumen der Mischung *V* (in L).

Aufgabenlösung:

U149

Berechnen Sie das Höchst-, das Mindestmaß und die Toleranz für folgende Maße:

1. 20 +0,2/-0,1 mm

Aufgabenlösung:
Höchstmaß:

Mindestmaß:

Toleranz:

2. 38 –0,3/–0,5 mm

Aufgabenlösung:
Höchstmaß:

Mindestmaß:

Toleranz:

150

Welchen Vorteil hat die vorbeugende Instandhaltung gegenüber der zustandsorientierten Instandhaltung?

1. Maximale Nutzung der Lebensdauer der Bauteile
2. Gute Planbarkeit der Maßnahme
3. Lebensdauer von Bauteilen wird nicht voll genutzt
4. Häufige überraschende Maschinen- oder Anlagenausfälle
5. Längere Verfügbarkeit der Bauteile

151

Ein wichtiger Bestandteil der Instandhaltung ist die Wartung. Welche Aussage beschreibt den Begriff Wartung?

1. Wiederherstellung des funktionsfähigen Zustands (außer Verbesserungen) der Anlage
2. Kombination aller Maßnahmen zur Steigerung der Funktionsfähigkeit, ohne die geforderte Funktion der Anlage zu ändern
3. Feststellung und Beurteilung des Ist-Zustands und Reparatur der Anlage
4. Kombination aller Maßnahmen zur Wiederherstellung des funktionsfähigen Zustands der Anlage
5. Maßnahmen zur Verzögerung des Abbaus von vorhandenem Abnutzungsvorrat der Anlage

152

In der Grafik ist der Abnutzungsvorrat von der Inbetriebnahme bis zur Wiederherstellung des Ausgangszustands dargestellt.
Welche Maßnahme ist bei Punkt 2 zu ergreifen?

1. Warten
2. Instandsetzen
3. Planen
4. Probelauf durchführen
5. Schmieren

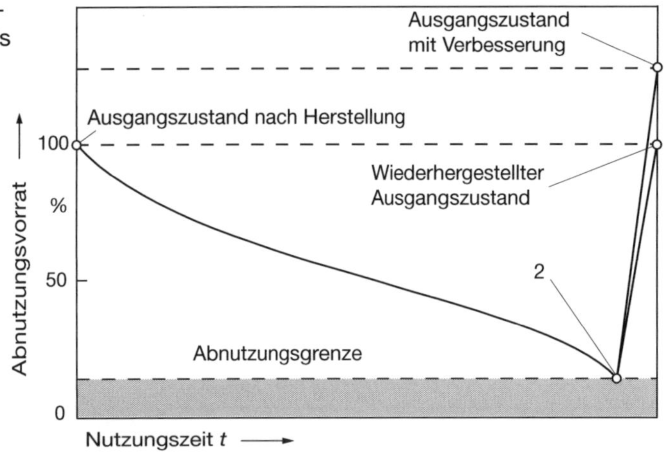

153

An einem Antrieb wird die Fettschmierung jährlich erneuert.
Welchem Bereich ist diese Tätigkeit zuzuordnen?

1. Wartung
2. Inspektion
3. Instandsetzung
4. Reparatur
5. Austausch

154

Ein optisch intakter Zahnriemen wird zu einem bestimmten Zeitpunkt erneuert.
Um welche Maßnahmenart handelt es sich?

1. Notwendige Wartung
2. Überflüssige Reparatur
3. Vorbeugende Instandhaltung
4. Übereilte Maßnahme
5. Kostensteigernde Umrüstung

155

Welche Arbeit kann im Rahmen der vorbeugenden Instandhaltung an einer laufenden Anlage durchgeführt werden?

(1) Auswechseln von Schutzeinrichtungen

(2) Reinigen von Führungen und Lagern

(3) Erneuern einer Hydraulik- oder Pneumatikschlauchleitung

(4) Sichtkontrolle des Ölstands am Getriebe

(5) Ersetzen eines defekten Schalters oder einer Messeinrichtung

156

Woran kann man unter anderem einen entstehenden Schaden an einer Anlage erkennen?

(1) An fehlendem Material für den Produktionsprozess

(2) An mechanischen Schwingungen der rotierenden Teile

(3) An falschem Spannmittel

(4) An der Produktionsgeschwindigkeit

(5) Am Wartungs- und Instandhaltungsplan

157

Welche Reihenfolge der Arbeitsschritte muss bei der Instandsetzung einer defekten Maschine eingehalten werden?

(1) Dokumentation, Instandsetzung, Analyse, Planung, Kontrolle

(2) Kontrolle, Dokumentation, Planung, Analyse, Instandsetzung

(3) Analyse, Planung, Instandsetzung, Kontrolle, Dokumentation

(4) Instandsetzung, Kontrolle, Dokumentation, Analyse, Planung

(5) Analyse, Planung, Instandsetzung, Dokumentation, Kontrolle

158

Welches Werkzeug ist geeignet, eine vorbestimmte Spannung innerhalb einer Flanschverbindung zu erzielen?

(1) Maulschlüssel

(2) Ringschlüssel

(3) Kombinierter Maul-/Ringschlüssel

(4) Drehmomentschlüssel

(5) Sechskant-Steckschlüssel

159

Sie erhalten den Auszug aus einem Instandhaltungsplan für eine Pumpstation.
Welche Aussage hierzu ist richtig?

(1) Das Anzugsmoment der Schrauben muss jeweils nach 150 Betriebsstunden überprüft werden

(2) Die Flanschverbindungen sind alle sechs Monate auf Dichtigkeit zu prüfen

(3) Die Pumpenwellen sind täglich auf Durchbiegung zu prüfen

(4) Die Pumpenwellen müssen alle sechs Monate bzw. nach 4000 Betriebsstunden auf Korrosion geprüft werden

(5) Die Rohrleitungen müssen einmal jährlich auf Korrosion und Erosion überprüft werden

Bauteil	Wartungsarbeit	Wartungsintervall					
		Nach Kalender			Nach Betriebsstunden		
		1 Woche	6 Monate	1 Jahr	150 h	4000 h	8000 h
Pumpenwellen	Auf Durchbiegung prüfen			X			X
Pumpenwellen	Auf Korrosion prüfen		X			X	
Schrauben	Anzugsmoment prüfen			X			X
Flanschverbindungen	Auf Dichtigkeit prüfen	X			X		
Rohrleitungen	Auf Erosion und Korrosion prüfen		X			X	
Gleitringdichtungen	Auf Dichtigkeit und Laufruhe prüfen	X			X		

160

Welcher grobe Fehler wird bei der dargestellten Montage eines Wälzlagers gemacht?

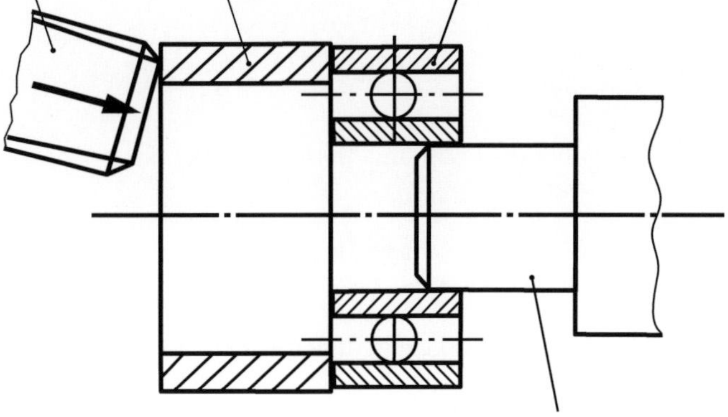

1. Wälzlager dürfen nicht mithilfe eines Hammers montiert werden
2. Die Kraft der Hammerschläge wirkt hier auf den Außenring
3. Das Lager darf vor dem Montieren nicht erwärmt werden
4. Es darf keine Schlagbuchse verwendet werden
5. Der Zapfen ist zu klein

161

Welche Aufgabe/Funktion haben Wälz- und Gleitlager?

1. Sie verbinden zwei Wellenenden dauerhaft
2. Sie verhindern das Austreten der Schmierstoffe
3. Sie trennen axiale und radiale Kräfte
4. Sie dienen zur Übertragung von Drehmomenten
5. Sie stützen und führen Wellen und Achsen

162

Welche Arbeit muss bei der Wartung einer Antriebskette unmittelbar vor dem Schmieren ausgeführt werden?

1. Durchhang messen
2. Reinigen
3. Achsabstand prüfen
4. Kettenglieder lackieren
5. Kettenräder wechseln

163

Welche Maßnahme muss bei einer Betriebsunterbrechung einer Anlage eingeleitet werden, wenn wärmeempfindliches Material verarbeitet wird?

1. Schließen der Kühlwasserversorgung
2. Absperren des Gefahrenbereichs
3. Entfernen des Rohmaterials aus dem Zufuhrsystem
4. Entfernen des Materials aus dem Heizbereich
5. Chargenwechsel

164

Was könnte eine Ursache eines ungewohnten quietschenden Geräusches an einer Anlage sein?

1. Ein bewegtes Bauteil läuft ohne Schmierung
2. Die Rohmaterialzufuhr ist leer
3. Das Packmaterial ist leer
4. Der Auftrag ist abgearbeitet
5. Der Lagerplatz für Fertigware ist belegt

165

Welche Aussage über die Wirkungsweise dieser Feder ist richtig?

1. Je größer die Federkraft, umso kleiner ist der Federweg
2. Je größer die Federkraft, umso kleiner ist die Federrate
3. Je größer die Federkraft, umso größer ist die gespeicherte Energie
4. Je größer die Federkraft, umso weicher ist die Feder
5. Je größer die Federkraft, umso kleiner ist die Federarbeit

166

Wie wird bei einer Welle das mit 1 gekennzeichnete Teil bezeichnet?

1. Ansatz
2. Bund
3. Lagerbolzen
4. Stirnzapfen
5. Führungsansatz

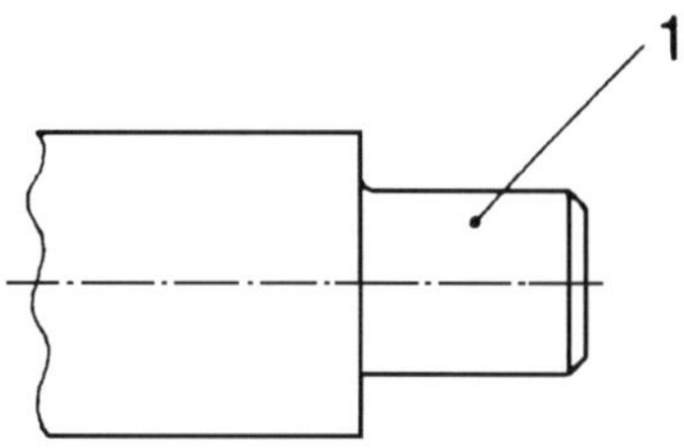

167

Welche Behauptung über Wellen ist richtig?

1. Wellen haben immer eine Längsbohrung in Achsrichtung
2. Wellen werden im Betriebszustand nur auf Biegung beansprucht
3. Wellen übertragen im Betriebszustand immer ein Drehmoment
4. Wellen stehen im Betriebszustand immer still. Die auf ihnen sitzenden Maschinenteile laufen um
5. Wellen haben eine kleine Länge und einen großen Durchmesser

168

Welchen Griff zeigt das Bild?

1. Flügelmutter
2. Sterngriff
3. Kugelknopf
4. Kugelgriff
5. Kreuzgriff

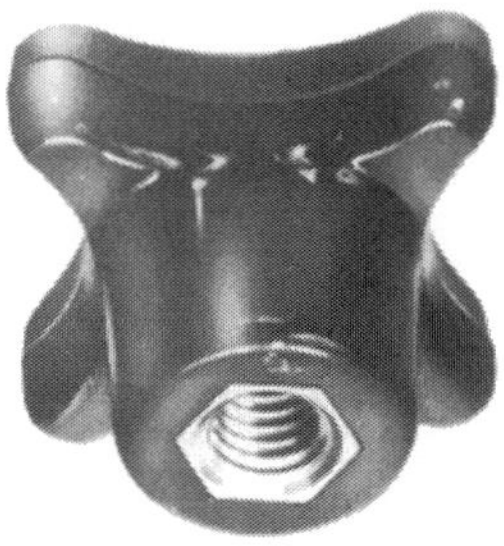

169

Welche Schmiervorrichtung zeigt das Bild?

1. Federdruckbuchse
2. Tropföler
3. Staufferbuchse
4. Dochtöler
5. Kegelschmiernippel

U170

Beschreiben Sie den Begriff vorbeugende Instandhaltung und erläutern Sie warum diese sinnvoll ist.

Aufgabenlösung:

U171

Die Instandhaltung gliedert sich nach DIN 31051 in die Begriffe Wartung, Inspektion, Instandsetzung und Verbesserung.
Erläutern Sie zwei der vier Begriffe.

Aufgabenlösung:

U172

Beschreiben Sie zwei Vorteile bei der Wartung und Störungssuche, wenn ein Störungsbuch vorhanden ist.

Aufgabenlösung:

U173

Nennen Sie drei Montagewerkzeuge und beschreiben Sie jeweils eine Anwendung in der Instandhaltung.

Aufgabenlösung:

U174

Ein Keilriementrieb hat vier Riemen. Ein Riemen ist gerissen.
Nennen Sie zwei wichtige Punkte, die bei der Instandsetzung zu berücksichtigen sind.

Aufgabenlösung:

U175

Nennen Sie drei Aufgaben von Schmierstoffen.

Aufgabenlösung:

176

Was versteht man im Textilbereich unter einer Faser?

1. Eine Leitung, die den elektrischen Strom führt
2. Ein Energiebündel
3. Ein textiles Gebilde aus verschiedenen Werkstoffen
4. Einen Zusammenschluss zweier Stoffe
5. Ein einzelnes längenbegrenztes, linienförmiges, textiles Gebilde

177

Was versteht man unter dem Begriff Faserfeinheit?

1. Das Verhältnis zwischen Masse und Länge
2. Die größte Ausdehnung in Faserlängsrichtung
3. Den wellenförmigen Verlauf der Fasern
4. Die besondere Oberflächenbeschaffenheit
5. Die Belastbarkeit durch Zug

178

Wobei handelt es sich um eine Faserprüfung?

1. Geruchsprobenprüfung
2. Klangprobenprüfung
3. Schwingbelastungsprüfung
4. Reißprobenprüfung
5. Saugprobenprüfung

179

Wie nennt man die qualitative Bewertung von Baumwolle?

1. Sammeln
2. Waschen
3. Behandeln
4. Mischen
5. Klassieren

180

Welcher Begriff muss in dem Schaubild zur textilen Kette bei Position 3 ergänzt werden?

1. Textilveredelung
2. Rohfaserbemusterung
3. Verkauf
4. Transport
5. Deponierung

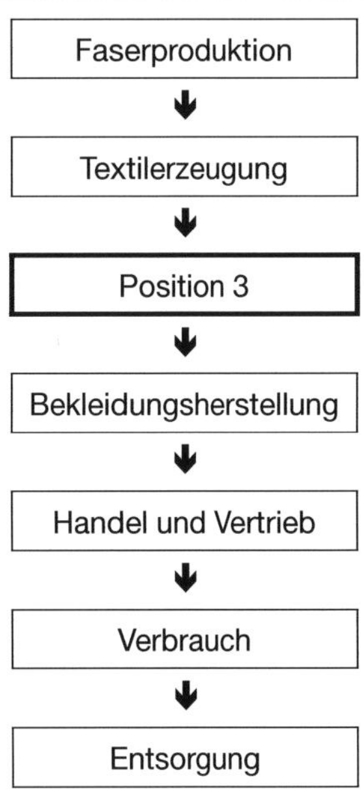

181

In welcher Antwort ist der Faser die richtige Kurzbezeichnung zugeordnet?

	Faser	Kurz-bezeichnung
(1)	Hanf	JU
(2)	Mohair	WS
(3)	Kokos	CC
(4)	Wolle	SE
(5)	Baumwolle	HA

182

Welche Naturfaser zählt zu den Endlosfasern?

(1) Sisalhanf

(2) Haspelseide

(3) Wolle

(4) Kokos

(5) Angora

183

In welche drei Faserarten werden pflanzliche Fasern unterteilt?

(1) Weichfasern, Hartflocken, Losfasern

(2) Pflanzenschuppen, Pflanzenhaare, Pflanzenrinde

(3) Samenfasern, Bastfasern, Hartfasern

(4) Pflanzenblätter, Hartrindenfasern, Losstängel

(5) Bastfasern, Stängelfasern, Blattfasern

184

Was ist ein typisches Merkmal von Wolle?

(1) Kräuselung

(2) Hoher Glanz

(3) Grünliche Färbung

(4) Hohe Faserfeinheit

(5) Geringe Dehnung

185

Was zeigt das Bild?

(1) Querschnitt einer Baumwollfaser

(2) Querschnitt eines Flachsstängels

(3) Querschnitt einer Wollfaser

(4) Querschnitt einer Fibrille

(5) Querschnitt eines Rohseidenfadens

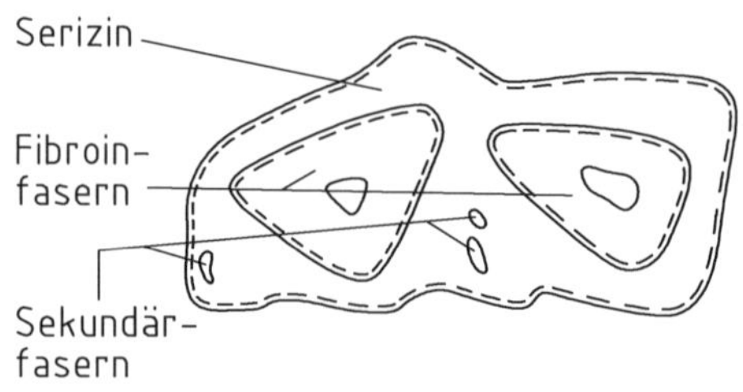

186

Wovon hängt im Allgemeinen der Glanz von Faserstoffen ab?

1. Von der Feinheit der Fasern
2. Von der Löslichkeit
3. Von der elektrostatischen Aufladung
4. Von der Schädlingsanfälligkeit
5. Von der Oberflächenbeschaffenheit

187

Um welche Art von Garn-Nummerierungsprinzip handelt es sich bei dem Tex-System?

1. Gewichtsnummerierung
2. Summennummerierung
3. Stücknummerierung
4. Längennummerierung
5. Maßnummerierung

188

Was versteht man bei der Garnherstellung unter dem Begriff Fachung?

1. Die Feinheit der ungezwirnten Garne oder Zwirne
2. Die Zusammenführung von mindestens zwei Garnen oder Zwirnen
3. Den aus einer Hohlspindel austretenden Faden
4. Die Drehrichtung der einzelnen Garne oder Zwirne
5. Die Festigkeit der Drehung der Garne oder Zwirne

189

Welche zwei grundsätzlichen Drehrichtungen werden beim Spinnen unterschieden?

1. Harte und weiche Richtung
2. Warme und kalte Richtung
3. S-Richtung und Z-Richtung
4. Lose und feste Richtung
5. Faser- und Flockenrichtung

190

Was bedeuten die ausgefüllten Felder bei der Bindungspatrone in der Weberei?

1. Rechte Masche
2. Ketthebung
3. Farbwechsel
4. Linke Masche
5. Kettsenkung

191

Was versteht man im textilen Bereich unter einem Bindungsrapport?

1. Die maximale Anzahl der Kettfäden bei einem Flächengebilde
2. Die maximale Anzahl der Schussfäden bei einem Flächengebilde
3. Die minimale Anzahl der Maschen bei einer bestimmten Breite eines Flächengebildes
4. Die kleinste sich wiederholende Mustereinheit
5. Die zeichnerische Darstellung der Bindung für ein Flächengebilde

192

Welches äußere Merkmal hat die Leinwandbindung bei textilen Flächengebilden?

1. Immer gleichseitig
2. Immer ungleichseitig
3. Gleichseitig möglich
4. Mindestens dreibindig
5. Bindungspunkte berühren sich nicht

193

Welche Bindungsart zeigt die Skizze?

1. Atlasbindung
2. Leinwandbindung
3. Köperbindung
4. Panamabindung
5. Damast

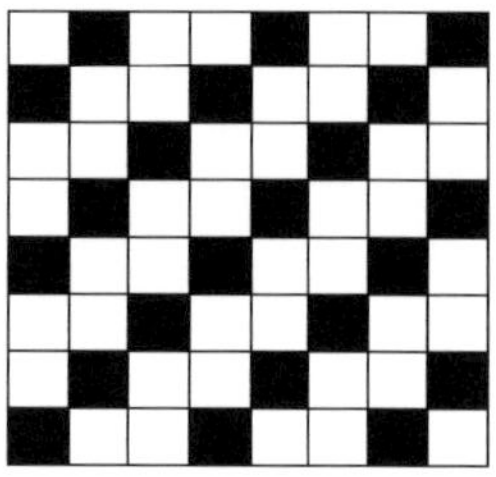

194

Bindungskurzzeichen für Gewebebindungen sind nach DIN 61101 in vier Nummernteile aufgeteilt.
In welcher Antwort sind die Nummernteile in der richtigen Reihenfolge genannt?

1. Ketthebung/-senkung, Fädigkeit, Bindungsweise des ersten Kettfadens, Bindungsart
2. Fädigkeit, Versatzzahl, Bindungsart, Bindungsweise des ersten Kettfadens
3. Versatzzahl, Bindungsart, Ketthebung/-senkung, Fädigkeit
4. Bindungsart, Bindungsweise des ersten Kettfadens, Fädigkeit, Versatzzahl
5. Fädigkeit, Bindungsart, Ketthebung/-senkung, Versatzzahl

195

Welches typische Aussehen haben Rundgeflechte?

1. Bandartig
2. Kordelartig
3. Senkrecht verkreuzt
4. Wellenförmig
5. Schlaufenförmig

196

Welches Merkmal haben Kettfadenwaren gegenüber Einfaden- oder Querfadenwaren?

1. Die Ware ist laufmaschenfest
2. Die Ware kann Fallmaschen bilden
3. Die Maschen können aufgezogen werden
4. Die Fäden laufen in Querrichtung
5. Die Ware wird auf Kuliermaschinen hergestellt

197

Welcher Begriff gehört zum Bindungselement Masche?

1. Ketteintrag
2. Schären
3. Zetteln
4. Henkel
5. Scheren

198

Wie bezeichnet man ein Vlies, das hydrodynamisch gebildet wurde?

1. Kardenvlies
2. Krempelvlies
3. Nassvlies
4. Trockenvlies
5. Feinstfaservlies

199

Was versteht man im Textilbereich unter einer Flotte?

1. Behandlungsart
2. Behandlungsflüssigkeit
3. Behandlungsdauer
4. Behandlungsanweisung
5. Behandlungszustand

200

Welche Aussage über Karden ist richtig?

1. Sie dienen zur Herstellung eines Faserbands
2. Sie doppeln und strecken Faserbänder
3. Sie dienen zur Trocknung eines Faserbands
4. Sie dienen zum Feinspinnen von Vorgarnen
5. Sie werden zum Färben eingesetzt

201

In welche Bereiche werden die Schritte zur Herstellung von Garn aus Spinnfasern eingeteilt?

1. Spinnen, Reinigen, Färben, Strecken
2. Parallelisieren, Verstrecken, Vorspinnen, Feinspinnen
3. Waschen, Wiegen, Walken, Trennen
4. Putzen, Kämmen, Vorspinnen, Mischen
5. Sortieren, Aufwickeln, Spinnen, Kardieren

202

Welche Maschine ist schematisch dargestellt?

1. Krempel
2. Karde
3. Kämm-Maschine
4. Flyer
5. Streckwerk

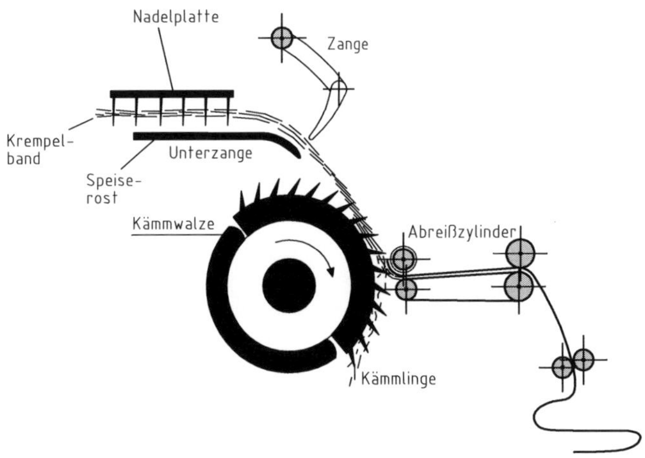

Zwischenprüfung – Textiltechnik/Textilveredelung

203

Welche Maschine zur Garnherstellung ist dargestellt?

1. Ringspinnmaschine
2. OE-Rotorspinnmaschine
3. Ringzwirnmaschine
4. Doppeldrahtzwirnmaschine
5. Kämmmaschine

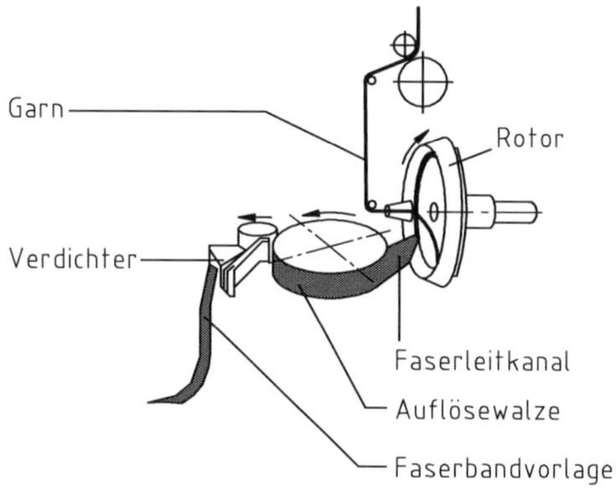

204

Die Skizze zeigt den Grundaufbau des Webvorgangs.
Welche Aussage ist richtig?

1. Schussfaden und Kettfaden sind in der Skizze vertauscht
2. Es wird eigentlich nur ein Schaft benötigt
3. Der Warenbaum wickelt ab, der Kettbaum auf
4. Die Kettfäden werden mit den Schäften gehoben und gesenkt
5. Das Webblatt hebt und senkt den Schussfaden

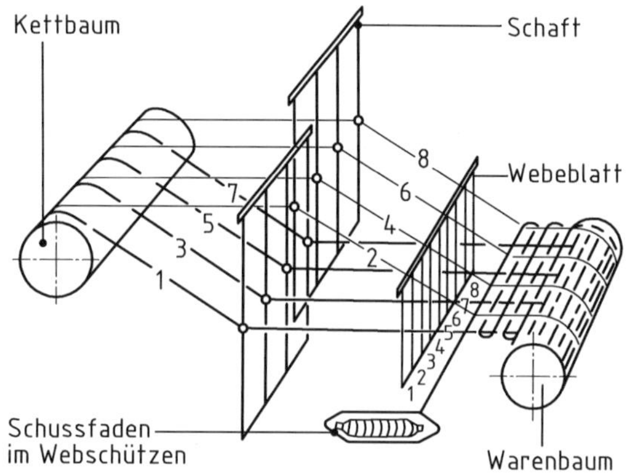

205

Welche Vorgänge gehören zur Webereivorbereitung?

1. Zwirnen, Spinnen
2. Färben, Wirken
3. Sortieren, Ablängen
4. Eintragen, Verfestigen
5. Spulen, Schären

206

Welchen Vorteil haben schützenlose Webmaschinen?

1. Unbegrenzte Mustermöglichkeit
2. Arbeiten vier- bis sechsmal schneller als herkömmliche Webmaschinen
3. Es werden mehrere Webfächer gleichzeitig gebildet
4. Eine Nachbearbeitung der Kanten ist nicht erforderlich
5. Sie sind für kleine Fertigungslose am besten geeignet

207

Welche Nadelart ist dargestellt?

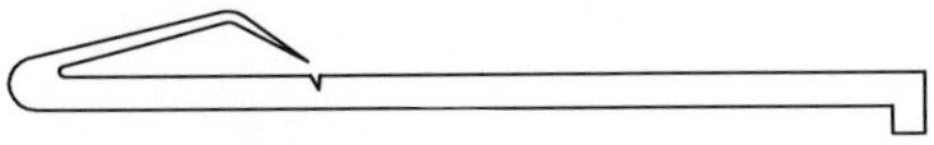

1. Hakennadel
2. Spitzennadel
3. Rillennadel
4. Schaftnadel
5. Fußnadel

208

Welches ist ein chemisches Verfahren zur Bildung von Flächenverbundstoffen?

1. Walken
2. Vernadeln
3. Übernähen
4. Verkleben
5. Vernieten

209

Was bedeutet der Begriff Tufting bei der Herstellung von textilen Flächengebilden?

1. Herstellen von Maschenwaren aus einem Einfadensystem
2. Herstellen von Plüscheffekten auf einer Grundfläche aus textilem Material
3. Herstellen von Webwaren aus Kett- und Schussfäden
4. Verfestigen von Faserstoffen durch spezielle Techniken
5. Anfertigen durchbrochener Fäden durch spezielle Techniken

210

Was versteht man bei der Herstellung von textilen Flächen unter Schlichten?

1. Überziehen von Kettgarnen mit einem Schutzfilm aus z. B. Stärke
2. Entfernen von Schlichten bei Rohgeweben vor der Weiterverarbeitung
3. Entfernen von natürlichen bzw. durch vorangegangene Bearbeitungsprozesse verursachte Verunreinigungen
4. Heranziehen von Fadenverdickungen mit einer Zange aus textilen Flächengebilden
5. Behandeln von textilen Faserstoffen mit wässrigen Farbstofflösungen mit verschiedenen Zusätzen

211

Wie reagiert eine Lösung mit dem pH-Wert 12?

1. Stark sauer
2. Schwach sauer
3. Neutral
4. Schwach basisch
5. Stark basisch

212

Welcher pH-Wert wird bei Neutralisationsreaktionen angestrebt?

1. pH 2
2. pH 4
3. pH 7
4. pH 9
5. pH 12

Zwischenprüfung – Textiltechnik/Textilveredelung

213

Wie verhalten sich pflanzliche Fasern bei der Brennprobe?

1. Sie schmelzen zu einem harten Klümpchen
2. Sie verbrennen rasch mit heller Flamme, Essiggeruch, harter Rückstand
3. Sie verbrennen rasch mit heller Flamme, Geruch nach verbranntem Horn
4. Sie verbrennen rasch mit heller Flamme, Geruch nach verbranntem Papier, Rückstand Flugasche
5. Die Flamme neigt zum Verlöschen, Geruch nach verbranntem Horn, dunkler, zerreibbarer Rückstand

214

Durch welche Faserprüfung kann Viskose von Baumwolle unterschieden werden?

1. Durch die Brennprobe
2. Durch die Säureprobe
3. Durch die Laugenprobe
4. Durch die Nassreißprobe
5. Durch Feststellung der Faserlänge

215

In welcher Zeile der Tabelle ist die Prüfmethode dem Bestimmungsmerkmal von textilen Flächen richtig zugeordnet?

	Prüfmethode	Merkmal
1	Anfühlprobe/Griff	Farbechtheit
2	Brennprobe	Beschaffenheit der Rückstände
3	Abriebprobe	Wärmeempfinden
4	Brennprobe	Pillingneigung
5	Anfühlprobe/Griff	Scheuerfestigkeit

216

Was versteht man unter dem Begriff Reprise?

1. Schmutzanteil bei der Rohwolle
2. Feuchtigkeitszuschlag
3. Reinen Wollertrag nach der Wollwäsche
4. Baumwollertrag nach dem Egrenieren
5. Gewichtsanteil der Fasern nach dem Trocknen

217

Welche Aussage über die flächenbezogene Masse einer Ware ist richtig?

1. Es ist die Masse eines laufenden Meters
2. Es ist die Masse der gesamten textilen Fläche
3. Es ist die Masse einer beliebigen Fläche aus dieser Ware
4. Es ist die Masse eines Quadratmeters
5. Es ist die Masse der handelsüblichen Feuchtigkeit, die sich in und an der Ware befindet

218

Bei welcher Eigenschaft von textilen Werkstoffen handelt es sich um eine chemische Eigenschaft?

1. Festigkeit
2. Feinheit
3. Elektrostatische Aufladung
4. Feuchtigkeitsaufnahme
5. Säurebeständigkeit

219

Es wurden m_1 = 380 kg Rohwolle angeliefert. Nach dem Waschen und Trocknen hat sie noch eine Masse von m_2 = 209 kg.
Wie viel Prozent Verunreinigung enthielt die Rohwolle?

(1) 19 %

(2) 45 %

(3) 55 %

(4) 75 %

(5) 81 %

Nebenrechnung Aufgabe 219:

220

360 kg Wolle enthalten 50 % Feuchtigkeit.
Wie groß ist die Verkaufsmasse *m* (in kg), wenn der handelsübliche Feuchtigkeitszuschlag 18 % ist?

(1) m = 129,6 kg

(2) m = 136,8 kg

(3) m = 156,3 kg

(4) m = 212,4 kg

(5) m = 219,5 kg

Nebenrechnung Aufgabe 220:

221

Welche Feinheit *Tt* (in tex) hat ein Garn mit der Länge von l = 3500 m und einer Masse von m = 77 g?

(1) Tt = 0,022 tex

(2) Tt = 0,22 tex

(3) Tt = 2,2 tex

(4) Tt = 22 tex

(5) Tt = 220 tex

Nebenrechnung Aufgabe 221:

222

Verglichen werden 3 Maschenproben auf ihre Maschenfeinheit.

Probe A: 31 cm breit, 279 Maschen je Maschenreihe
Probe B: 36 cm breit, 288 Maschen je Maschenreihe
Probe C: 44 cm breit, 374 Maschen je Maschenreihe

In welcher Zeile ist die Stäbchendichte (Anzahl der Stäbchen auf 10 cm Warenbreite) der Maschenprobe richtig angegeben?

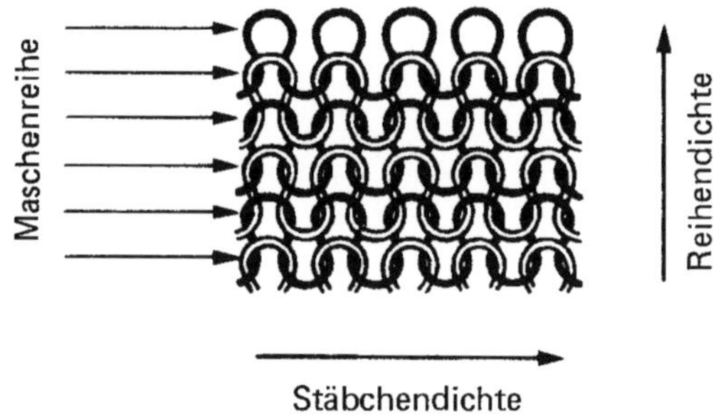

(1) Probe A: Stäbchendichte 86

(2) Probe A: Stäbchendichte 90

(3) Probe B: Stäbchendichte 85

(4) Probe C: Stäbchendichte 80

(5) Probe C: Stäbchendichte 90

Nebenrechnung Aufgabe 222:

223

Welche Lauflänge L (in m) hat ein Garn der Feinheit Tt = 125 dtex, das auf einer Spule mit einer Gesamtmasse m = 1400 g aufgewickelt ist?
Die Masse der leeren Spulenhülse beträgt m_s = 30 g.

(1) L = 10 960 m

(2) L = 11 200 m

(3) L = 100 000 m

(4) L = 109 600 m

(5) L = 112 000 m

Nebenrechnung Aufgabe 223:

224

Eine Ware hat eine flächenbezogene Masse von $m'' = 120\ g/m^2$.
Berechnen Sie die längenbezogene Masse m' (in g/m) bei einer Breite $b = 140$ cm.

1. $m' = 86\ g/m$
2. $m' = 168\ g/m$
3. $m' = 857\ g/m$
4. $m' = 1\,680\ g/m$
5. $m' = 16\,800\ g/m$

Nebenrechnung Aufgabe 224:

225

Wie groß ist die flächenbezogene Masse m'' (in g/m^2) einer Ware, wenn eine kreisrunde Warenprobe mit $d = 10$ cm eine Masse von $m = 810$ mg hat?

1. $m'' = 16{,}3\ g/m^2$
2. $m'' = 103{,}1\ g/m^2$
3. $m'' = 162{,}0\ g/m^2$
4. $m'' = 412{,}5\ g/m^2$
5. $m'' = 712{,}0\ g/m^2$

Nebenrechnung Aufgabe 225:

226

Ein Vliesstoff mit einer flächenbezogenen Masse von $m'' = 200\ g/m^2$ hat eine Gesamtlänge von $L = 5\,000$ m und eine Gesamtmasse von $m = 2{,}3$ t.
Welche Breite b (in cm) hat die Ware?

1. $b = 2{,}3$ cm
2. $b = 23{,}0$ cm
3. $b = 230{,}0$ cm
4. $b = 2\,300{,}0$ cm
5. $b = 23\,000{,}0$ cm

Nebenrechnung Aufgabe 226:

227

Welches Bild zeigt die richtige Einteilung der Chemiefasern?

(1)

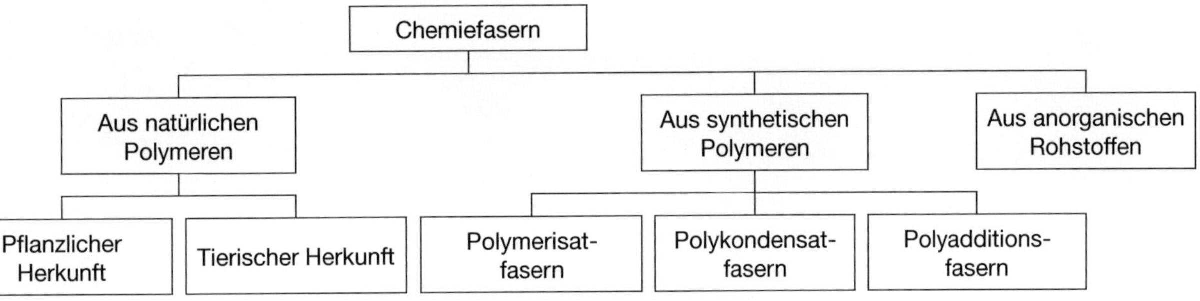

(2)

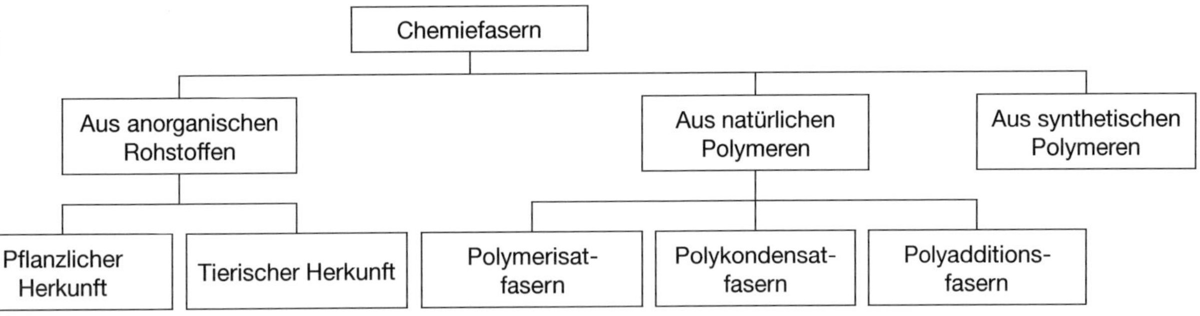

(3)

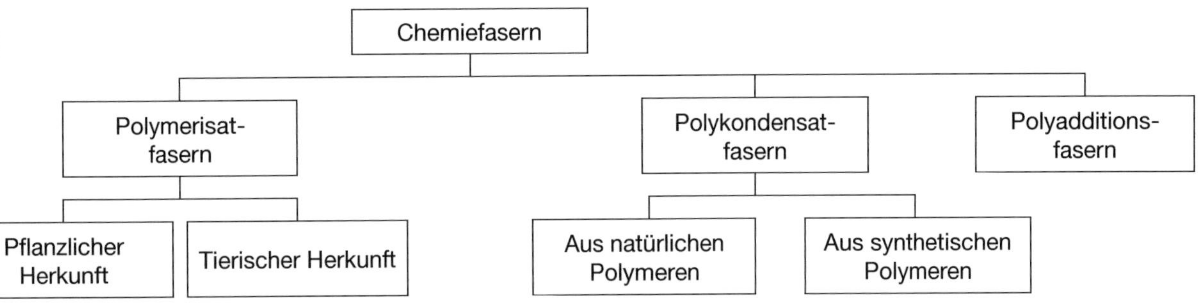

(4)

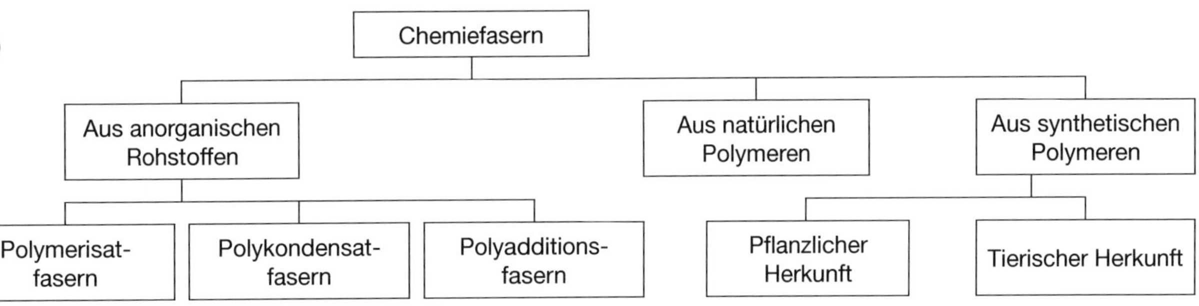

(5)

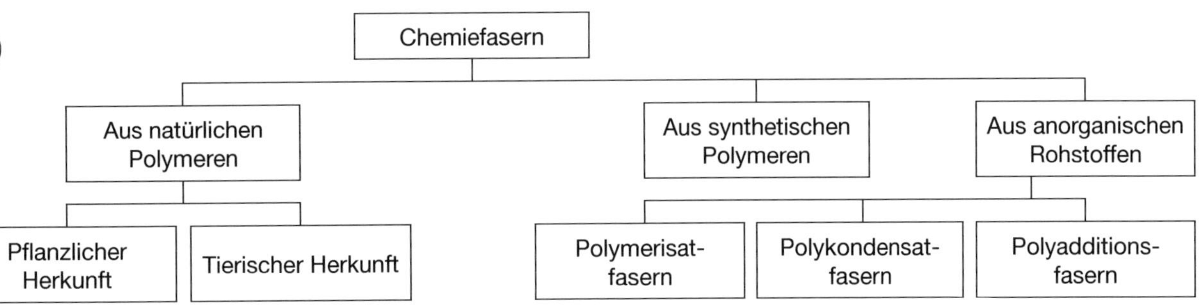

228

Welche(s) der abgebildeten Spinnverfahren wird/werden zur Herstellung von Viskose-Filamenten eingesetzt?

1. Verfahren 1
2. Verfahren 1 und 2
3. Verfahren 1 und 3
4. Verfahren 2
5. Verfahren 2 und 3

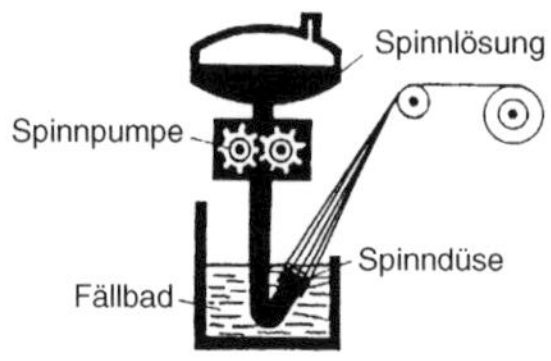

Verfahren 1

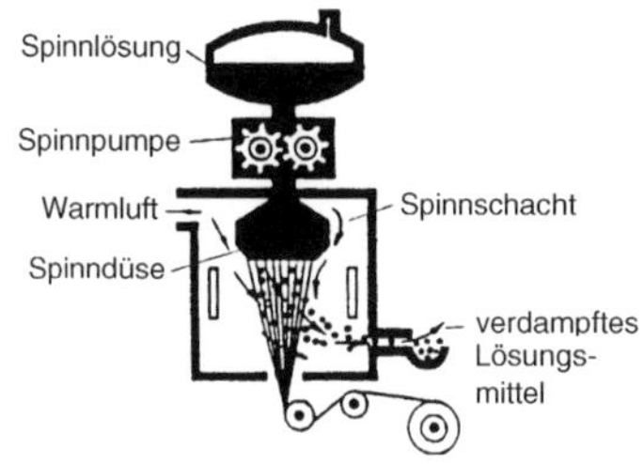

Verfahren 2

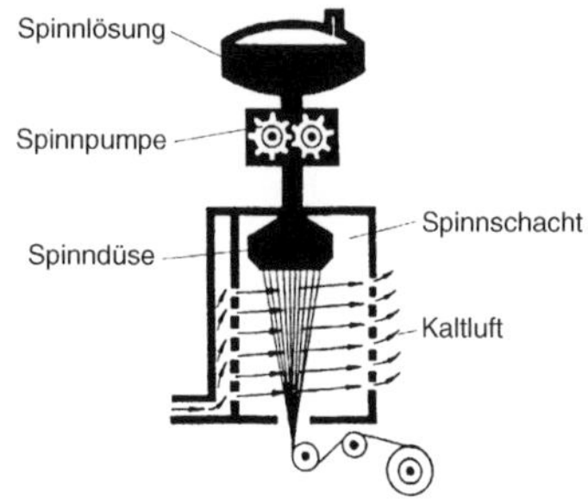

Verfahren 3

229

Was wird durch das Verstrecken bei der Herstellung von Chemiefasern erreicht?

1. Verschiedene Kleinmoleküle bilden Riesenmoleküle
2. Molekülketten werden in Faserlängsrichtung orientiert
3. Gleiche Monomere bilden Polymere
4. Bildung von flüssigen Bereichen aus amorphen Bereichen
5. Trocknen von Fasersträngen

230

Welche ist eine zellulosische Chemiefaser?

1. Elastan
2. Mohair
3. Polyester
4. Viskose
5. Hanf

231

Welches ist eine typische Eigenschaft von Polypropylenfasern?

1. Bis zu 700 % elastische Dehnung
2. Keine Wasseraufnahme
3. Wollähnlicher Charakter
4. Sehr saugfähig
5. Hoch hitzebeständig

232

Was geschieht beim Texturieren von Filamentgarnen?

1. Das Filamentgarn wird glatter
2. Das Filamentgarn wird gekräuselt
3. Das Filamentgarn wird verstreckt
4. Das Filamentgarn wird gefärbt
5. Das Filamentgarn wird gekennzeichnet

233

Welchen Rückstand haben synthetische Chemiefasern nach der Brennprobe?

1. Schwarze, fadenförmige Fasern
2. Weiches, kugelförmiges Granulat
3. Zerreibbare Schlacke
4. Hellgraue Flugasche
5. Harten, unzerreibbaren Rückstand

234

Welche typischen Eigenschaften hat Streichgarn?

1. Voluminös, haarig
2. Glatt, fest
3. Gleichmäßig, geringe Haarigkeit
4. Steif, kurzfasrig
5. Saugfähig, hoch fest

235

Welche Aussage zur Entstehung eines Walkfilzes ist richtig?

1. Es sind Kammgarngewebe, die sehr stark geraut werden
2. Es sind Zellulosefasern, die im Nassspinnverfahren ersponnen werden und anschließend aviviert werden
3. Es sind synthetische Filamente, die im Schmelzspinnverfahren ausgesponnen und texturiert werden
4. Es ist das zusammenhängende Teil des Schaffells nach der Schur
5. Es sind Faservliese, die durch Einwirkung von Feuchtigkeit, Wärme, Druck und Bewegung verfestigt werden

236

Wie wird ein Spinnvlies gebildet?

1. Ein Spinnvlies wird aus einem 2-Faden-System hergestellt. Die Fäden werden rechtwinklig miteinander verbunden
2. Ein Spinnvlies wird aus einem 4-Faden-System hergestellt. Die Fäden werden rechtwinklig und diagonal miteinander verbunden
3. Ein Spinnvlies wird durch Verwirbeln von vielen einzelnen Spinnfäden und anschließende Verpressung hergestellt
4. Ein Spinnvlies wird durch ein Einfadensystem mittels Bildung von Maschen hergestellt
5. Ein Spinnvlies besteht aus einzelnen Filamenten, die durch Verstrecken und Verdrehen miteinander verbunden werden

237

In welchem Bereich werden Geotextilien eingesetzt?

1. Straßenbau
2. Filtration
3. Raumausstattung
4. Bekleidungsherstellung
5. Tierhaltung

238

Mit welchem Begriff wird die Faserlänge bezeichnet?

1. Feinheit
2. Linters
3. Tex
4. Stapellänge
5. Modul

239

Welche Eigenschaft verändert sich bei einem Garn mit höherer Drehung?

1. Das Garn erhält eine größere Zugfestigkeit
2. Das Garn wird weicher
3. Das Garn erhält eine größere Elastizität
4. Das Garn erhält ein größeres Volumen
5. Das Garn wird saugfähiger

240

Was zeigt das Bild?

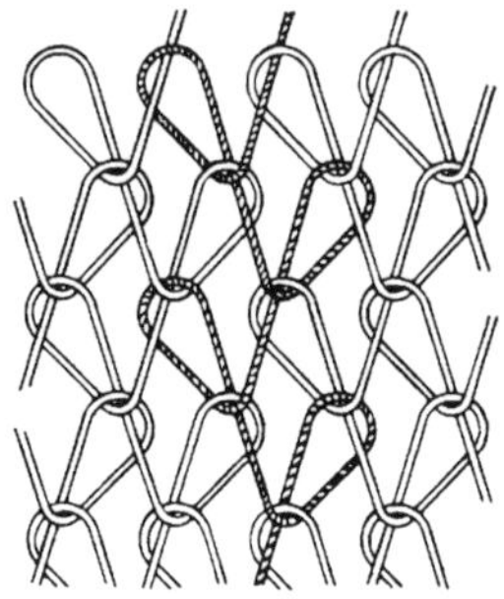

1. Links-Links-Maschenware
2. Kettfadenmaschenware
3. Kulierwirkware
4. Rechts-Rechts-Maschenware
5. Rechts-Links-Maschenware

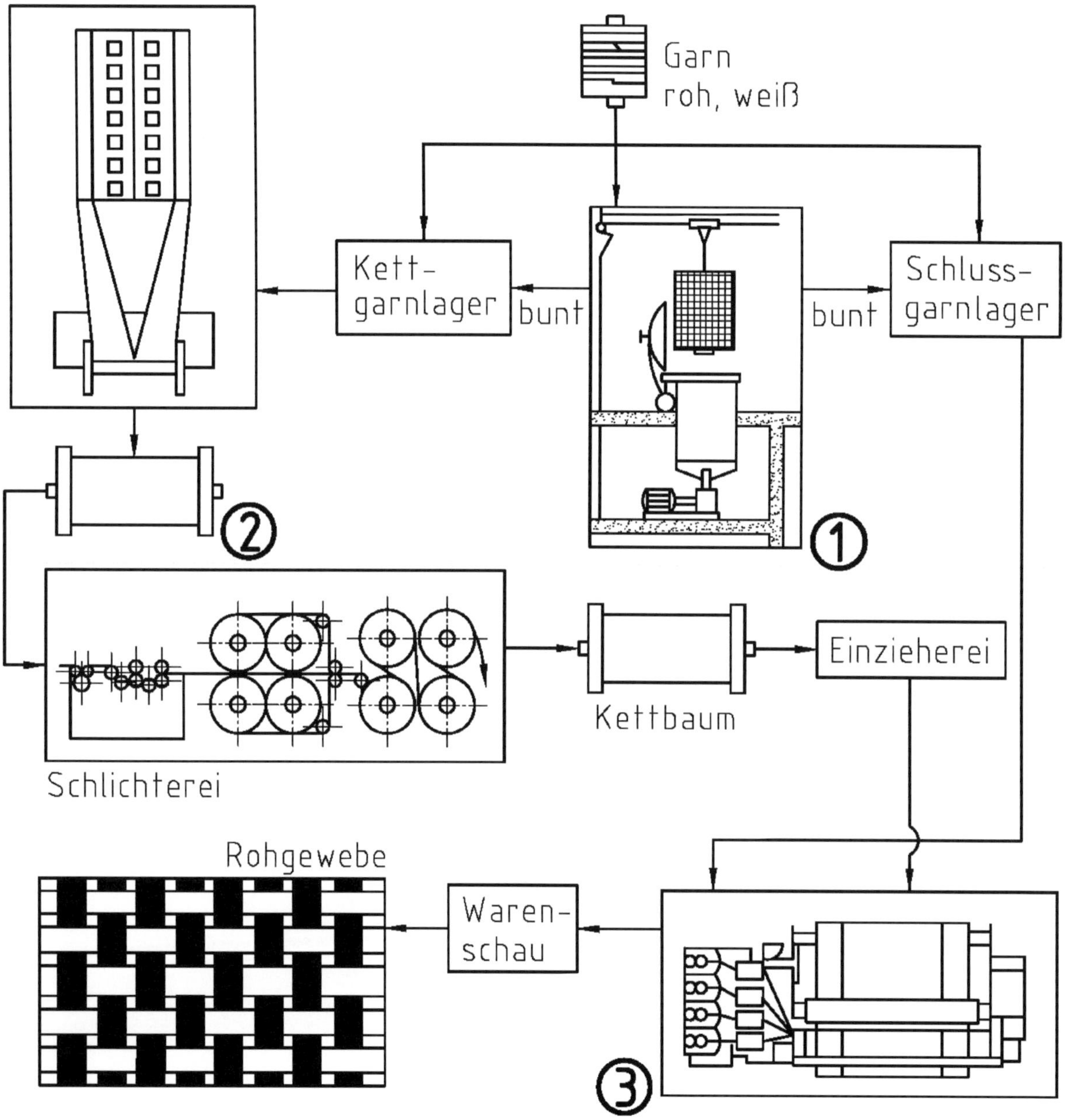

Bild a

241

Bild a. Das Bild zeigt die Prozessstufen in der Gewebeherstellung.
In welcher Zeile sind die Begriffe den Ziffern richtig zugeordnet?

	1	2	3
(1)	Weberei	Zettlerei	Färberei
(2)	Färberei	Weberei	Zettlerei
(3)	Zettlerei	Färberei	Weberei
(4)	Färberei	Zettlerei	Weberei
(5)	Zettlerei	Weberei	Färberei

242

Bild a. Das Bild zeigt die Prozessstufen in der Gewebeherstellung.
Zu welchem Bereich der Webereivorbereitung gehört die Schlichterei?

(1) Spulen
(2) Zwirnen
(3) Kettbaumherstellung
(4) Kettvorrichten
(5) Weben

243

Welche Reihenfolge bei der Vliesstoffherstellung ist richtig?

(1) Ausgangsprodukt, Vliesverfestigung, Vliesbildung, Endprodukt
(2) Endprodukt, Vliesbildung, Ausgangsprodukt, Vliesverfestigung
(3) Ausgangsprodukt, Vliesbildung, Vliesverfestigung, Endprodukt
(4) Ausgangsprodukt, Vliesverfestigung, Endprodukt, Vliesbildung
(5) Vliesbildung, Vliesverfestigung, Endprodukt, Ausgangsprodukt

244

Welches Grundprinzip der Herstellung von textilen Flächengebilden ist dargestellt?

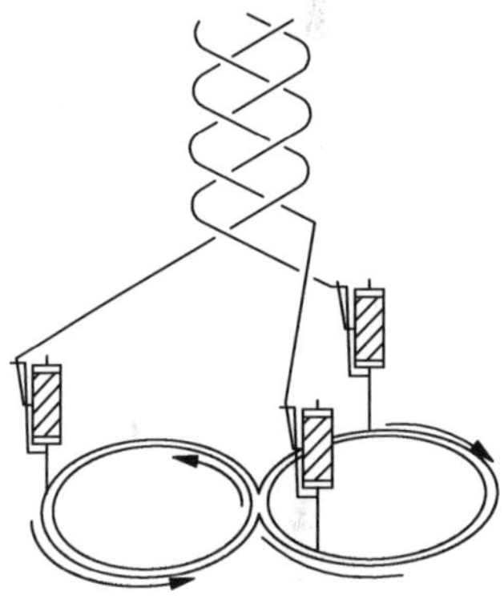

(1) Manuelles Weben
(2) Maschinelles Stricken
(3) Manuelle Vliesherstellung
(4) Maschinelles Wirken
(5) Maschinelles Flechten

245

Was versteht man unter dem Begriff hygroskopisch?

(1) Die Fähigkeit textiler Rohstoffe, dampf- bzw. gasförmiges Wasser aus der Atmosphäre in ihr Substanzgefüge aufzunehmen und festzuhalten
(2) Die Fähigkeit textiler Rohstoffe, dampf- bzw. gasförmiges Wasser aus der ungebundenen Atmosphäre aus ihrem Substanzgefüge abzustoßen
(3) Exakte Reproduzierbarkeit eines Farbtons bzw. der Farben genau nach Muster unter Vermeidung auch von nur geringen Farbtonabweichungen
(4) Zelluloser Aufbau von Natur- und Chemiefaserstoffen, die nur unter dem Mikroskop sichtbar sind
(5) Dauerhafte Verbindung zweier textiler Flächengebilde durch eine Klebstoffschicht oder durch Druck

246

Textile Produkte müssen entsprechend ihren Einsatzgebieten besondere Anforderungen erfüllen.
Was zählt zu den physikalischen Eigenschaften?

(1) Echtheit gegenüber Licht
(2) Griff
(3) Festigkeit
(4) Chemikalienbeständigkeit
(5) Schmutzempfindlichkeit

247

Welches Herstellungsmerkmal zeigen Strickwaren?

1. Rechtwinklige, regelmäßige Verkreuzung von zwei Fadensystemen
2. Waagrechte Verschlingungen eines Fadens zu Maschen
3. Längs gespannte Fäden werden diagonal miteinander verbunden
4. Verwirbelte einzelne Fasern werden miteinander verbunden
5. Einzelne Filamente werden durch Verdrehen miteinander verbunden

248

Welches Herstellungsmerkmal zeigen getuftete Waren?

1. Senkrechte Verschlingungen eines Fadens zu rechten und linken Maschen
2. Mehrere längs gespannte Fäden werden diagonal miteinander verbunden
3. Teppichgarne werden in eine textile Trägerfläche eingenadelt
4. Lose einzelne Fasern werden durch Vernadeln miteinander verbunden
5. Rechtwinklige, regelmäßige Verkreuzungen von zwei Fadensystemen

249

Durch welches Merkmal ist eine Webware gekennzeichnet?

1. Ineinandergehängte Maschen
2. Rechtwinklig verkreuzte Kett- und Schussfäden
3. Lose verklebte Fasern
4. Besteht aus mindestens zwei Schichten
5. Wirrlage der Fäden

250

Was bedeutet dieses Pflegesymbol?

1. Nicht bügeln
2. Nicht wringen
3. Nicht waschen
4. Nicht dämpfen
5. Nicht chemisch reinigen

251

Wonach richtet sich unter anderem die Festlegung einer Pflegekennzeichnung?

1. Stoffdicke
2. Nahtart
3. Ausrüstung
4. Verwendung
5. Stichtyp

252

Das Textilkennzeichnungsgesetz schreibt für Textilerzeugnisse, die aus verschiedenen Rohstoffen bestehen, die Reihenfolge vor, in der diese Rohstoffe auf den Kennzeichnungsetiketten genannt werden müssen.
Welche Reihenfolge ist richtig?

1. Alphabetisch nach den Rohstoffbezeichnungen
2. Alphabetisch nach den Markennamen
3. Nach den Prozentzahlen aufsteigend
4. Nach den Prozentzahlen absteigend
5. Zuerst die natürlichen, dann die synthetischen Rohstoffe, jeweils nach den Prozentzahlen absteigend

253

Welche Gesamtlänge L (in m) ergibt sich aus den folgenden Teillängen?
14,52 m – 550 cm + 1400 mm + 358 cm = ?

1. L = 4,04 m
2. L = 11,20 m
3. L = 14,00 m
4. L = 25,00 m
5. L = 26,60 m

Nebenrechnung Aufgabe 253:

254

Wie viel m^2 entsprechen 526 cm^2?

1. 0,0526 m^2
2. 0,526 m^2
3. 5,26 m^2
4. 52,6 m^2
5. 52 600 m^2

Nebenrechnung Aufgabe 254:

255

Eine Baumwollfaser mit einer Feinheit von Nm 5000 besitzt eine durchschnittliche Bruchlast von 70 cN.
Wie groß ist die feinheitsbezogene Festigkeit (in cN/tex)?

1. Festigkeit = 35 cN/tex
2. Festigkeit = 350 cN/tex
3. Festigkeit = 3 500 cN/tex
4. Festigkeit = 35 000 cN/tex
5. Festigkeit = 350 000 cN/tex

Nebenrechnung Aufgabe 255:

256

Für eine Maschenware wurden l = 300 000 m Garn verwendet. Die Ware wiegt m = 12 kg.
Welche Feinheit Tt (in tex) hat das Garn?

(1) Tt = 25 tex

(2) Tt = 40 tex

(3) Tt = 50 tex

(4) Tt = 80 tex

(5) Tt = 100 tex

Nebenrechnung Aufgabe 256:

257

Für ein Mischgewebe werden Wolle und Viskosespinnfasern im Verhältnis 13 : 7 gemischt. Der Viskosefaseranteil beträgt m_{CV} = 350 kg. Welche Masse m_{WO} (in kg) Wolle enthält die Mischung?

(1) 122,5 kg

(2) 188,5 kg

(3) 227,5 kg

(4) 650,0 kg

(5) 1 000,0 kg

Nebenrechnung Aufgabe 257:

258

Eine textile Fläche ist b = 140 cm breit und besitzt eine flächenbezogene Masse m'' = 190 g/m^2.
Wie groß ist die längenbezogene Masse m' (in g/m) der textilen Fläche?

(1) m' = 26 g/m

(2) m' = 74 g/m

(3) m' = 136 g/m

(4) m' = 266 g/m

(5) m' = 740 g/m

Nebenrechnung Aufgabe 258:

259

Die Gesamtmasse eines Gewebeballens beträgt m = 27,3 kg. Auf dem Ballen sind L = 60 m Gewebe mit einer Breite von b =140 cm.
Welche flächenbezogene Masse m'' (in g/m²) hat das Gewebe?

(1) m'' = 117 g/m²

(2) m'' = 157 g/m²

(3) m'' = 220 g/m²

(4) m'' = 325 g/m²

(5) m'' = 637 g/m²

Nebenrechnung Aufgabe 259:

260

Ein Vlies läuft mit einer Geschwindigkeit v_1 = 1,6 m/min und einer flächenbezogenen Masse von m''_1 = 360 g/m² in eine Filznadelmaschine.
Wie groß ist die flächenbezogene Masse m''_2 (in g/m²), mit der das Filz die Maschine verlässt, wenn die Abzugsgeschwindigkeit v_2 = 2,0 m/min beträgt?

(1) m''_2 = 144 g/m²

(2) m''_2 = 288 g/m²

(3) m''_2 = 400 g/m²

(4) m''_2 = 576 g/m²

(5) m''_2 = 800 g/m²

Nebenrechnung Aufgabe 260:

261

Ein Vliesstoff mit einer flächenbezogenen Masse von m'' = 180 g/m² hat eine Gesamtlänge von L = 600 m und eine Gesamtmasse von m = 216 kg.
Welche Breite b (in cm) hat die Ware?

(1) b = 2,0 cm

(2) b = 20,0 cm

(3) b = 200,0 cm

(4) b = 2 000,0 cm

(5) b = 20 000,0 cm

Nebenrechnung Aufgabe 261:

262

Nebenrechnung Aufgabe 262:

Von einem 15 m langen Stoffballen werden folgende Stoffmengen für Dekorationsteile benötigt: 7 × 80 cm, 12 × 0,30 m und 3 × 0,75 m.
Berechnen Sie, wie viel Stoff auf dem Ballen übrig bleibt.

(1) 1,85 m

(2) 3,55 m

(3) 9,95 m

(4) 11,45 m

(5) 13,15 m

263

Auf dem Umfang *U* der abgebildeten Skalenscheibe sollen 120 Teilstriche mit gleichem Abstand eingraviert werden.
Wie groß ist der Abstand *s* (in mm) der Teilstriche?

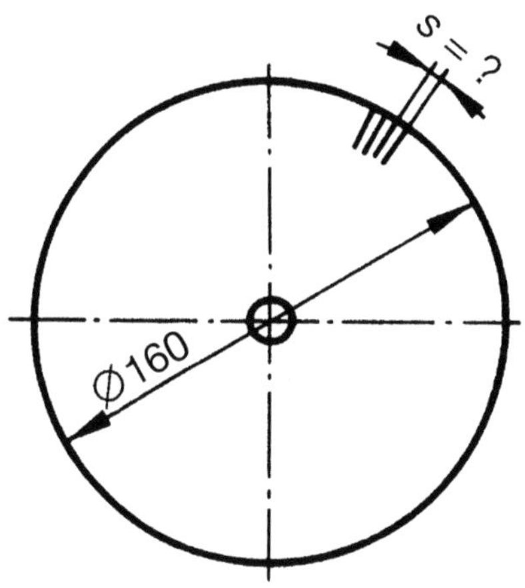

(1) *s* = 0,75 mm

(2) *s* = 1,33 mm

(3) *s* = 4,19 mm

(4) *s* = 4,22 mm

(5) *s* = 8,38 mm

Nebenrechnung Aufgabe 263:

U264

Beschreiben Sie das Grundprinzip des Webvorgangs.

Aufgabenlösung:

U265

Chemiefasern können durch verschiedene Spinnverfahren hergestellt werden.

1. Nennen Sie zwei Spinnverfahren zur Erzeugung von Chemiefasern.
2. Beschreiben Sie eines dieser Spinnverfahren.
3. Nennen Sie zwei Faserstoffe, die nach diesem Spinnverfahren hergestellt werden.

Aufgabenlösung:

U266

Beschreiben Sie, aus welchen Hauptbestandteilen jeweils eine Spinnmasse für zellulosische sowie für synthetische Chemiefasern besteht.

Aufgabenlösung:

U267

Erklären Sie den Begriff Spinnmasse für die Herstellung von Chemiefasern.

Aufgabenlösung:

U268

Nennen Sie vier gemeinsame Eigenschaften aller synthetischen Chemiefasern.

Aufgabenlösung:

U269

Erläutern Sie die Begriffe

- Erweichungsbereich
- Schmelzbereich

bei der Herstellung von Chemiefaserstoffen.

Aufgabenlösung:

U270

Nennen Sie einen Vorteil, den Zwirne gegenüber Garnen haben.

Aufgabenlösung:

U271

Beschreiben Sie den wesentlichen Unterschied zwischen dem Entstehen einer Strickware und Wirkware.

Aufgabenlösung:

U272

Die Bindungskurzzeichen für Gewebebindungen sind in vier Nummernteile aufgeteilt.

Beschreiben Sie zwei der vier Nummernteile.

Aufgabenlösung:

U273

Mittels verschiedener Analysemethoden werden für die Qualitätsbeurteilung Merkmale textiler Materialien bestimmt.
Ordnen Sie den in der Tabelle vorgegebenen Merkmalen die jeweils dazugehörige Analysemethode zu.

Aufgabenlösung:

Lfd. Nr.	Bestimmungsmerkmale	Analysemethode
1	– Wärmeempfindung – Kälteempfindung – Weichheit – Glätte – Knitterbildung	
2	– Rohstoff über Verlauf der Verbrennung – Verbrennungsgeruch – Beschaffenheit der Rückstände	
3	– Rohstoffart Auflösung bzw. Nichtauflösung durch Chemikalien	

U274

Viskosegarn mit einer Masse von m = 115 kg und einer Feinheit von Tt = 82 dtex wird zur Herstellung einer Webkette mit 1200 Fäden benötigt.
Welche Kettlänge L (in m) ergibt sich?

Das Ergebnis ist ganzzahlig anzugeben.

Aufgabenlösung:

U275

Eine Rohware mit einer Masse m = 27 kg hat eine Länge L = 90 m und eine Breite b = 140 cm.

Berechnen Sie die längenbezogene Masse m' (in g/m) und die flächenbezogene Masse m'' (in g/m^2).

Aufgabenlösung:

276

Was ist die Hauptaufgabe der Ablauforganisation innerhalb eines Betriebs?

1. Arbeitsabläufe rationell zu gestalten
2. Arbeitsabläufe nicht zu beeinflussen
3. Arbeitsabläufe vom Kunden gestalten zu lassen
4. Arbeitsabläufe am Transportaufkommen zu orientieren
5. Arbeitsabläufe zu verlagern

277

Warum ist es wichtig für Produktionspartien, sogenannte Laufkarten zu erstellen?

1. Damit immer genügend Rohware am Lager vorhanden ist
2. Damit ein rationeller Materialfluss gewährleistet ist
3. Dadurch entfallen Reparaturen an Maschinen
4. Dadurch wird sichergestellt, dass alle Maschinen des Betriebs produzieren
5. Dadurch kann die Fertigware im Hochregallager eingelagert werden

278

Die Fehlersammelliste stammt aus dem Fertigungsbereich. Um die Fehler zu verringern, muss in der nächsten Teamsitzung die Fehleranzahl untersucht und müssen Verbesserungsvorschläge zu deren Abstellung erarbeitet werden.
In welcher Reihenfolge sind die Prioritäten festzulegen?

1. 1 – 2 – 3 – 4 – 5 – 6 – 7
2. 1 – 4 – 6 – 2 – 3 – 5 – 7
3. 1 – 4 – 6 – 3 – 2 – 7 – 5
4. 7 – 5 – 3 – 2 – 6 – 4 – 1
5. 1 – 4 – 2 – 3 – 6 – 5 – 7

Fehlersammelliste

Produktnummer: 01123
Produktbezeichnung: Kreuzspulen
Ort: Halle 3
Prozess: Warenschau

Prüfart: Sichtprüfung je Tag 120 Stück
Uhrzeit: 10:00 – 11:30
Datum: 23. – 24.04.2013
Kontolleur: Schmidt

Nr.	Fehlerart	23.04.2013	24.04.2013	gesamt
1	Dickstelle	卌 卌 III	卌 卌 卌 IIII	32
2	Dünnstelle	III	卌 II	10
3	Fremdfaser	卌	IIII	9
4	Verschmutzung	卌 卌 II	卌 卌 II	24
5	Wicklung zu locker	I	III	4
6	Wicklung zu straff	卌 II	IIII	11
7	Sonstiges	II	I	3

279

Welche Aussage über Kraftmaschinen und Arbeitsmaschinen ist richtig?

1. Die Hauptaufgabe von Arbeitsmaschinen ist die Energieumwandlung
2. Die Hauptaufgabe von Kraftmaschinen ist die Energieumwandlung
3. Die Hauptaufgabe von Kraftmaschinen ist die Stoffumwandlung
4. Kraftmaschinen benötigen immer eine Übersetzung, um die Energie umzuwandeln
5. Es gibt keinen Unterschied, beide Begriffe sagen dasselbe aus

280

Wie wird der Begriff „Produktionsanlagen“ beschrieben?

1. Fördersysteme, die Produkte von einer Maschine zur nächsten transportieren
2. Die Gesamtheit aller Maschinen und Hilfsgeräte, die ein Unternehmen besitzt
3. Anordnung von Maschinen und Geräten, die gemeinsam Produkte fertigen
4. Bearbeitungsstationen, die flexibel eingesetzt werden können
5. Besonders große Verarbeitungsmaschinen

281

Welche Kombination Prüfgerät – Parameter ist richtig?

1. Geschwindigkeitsmesser – V
2. Hygrometer – °C
3. Manometer – bar
4. Thermometer – Nm
5. Barometer – kJ

282

Wie bezeichnet man den an einer Messstelle ermittelten Wert?

1. Nennwert
2. Istwert
3. Sollwert
4. Grenzwert
5. Höchstwert

283

Welche Aussage über Instrumente an Maschinen und Anlagen ist richtig?

1. Instrumente dienen zur Einstellung der Vorschübe
2. Instrumente dienen zum Antreiben von Anlagen
3. Instrumente sind keine Vorrichtungen und werden an Anlagen nicht vorgesehen
4. Instrumente sind bewegliche Bauteile an Maschinen
5. Instrumente sind Vorrichtungen, die zur Anzeige dienen

284

In welche Grundprinzipien wird die Garnherstellung gegliedert?

1. Anbauen, Ernten, Herstellen, Weiterverarbeiten
2. Ordnen, Parallellegen, Verziehen, Verdrehen
3. Waschen, Verarbeiten, Veredeln, Verpacken
4. Mischen, Verzwirnen, Aufwickeln, Verpacken
5. Öffnen, Reinigen, Mischen, Strecken

285

In welche beiden Funktionen wird das Mischen bei der Garnherstellung gegliedert?

1. Warmes Mischen, kaltes Mischen
2. Kontinuierliches Mischen, diskontinuierliches Mischen
3. Sammeln (collect), Sichten (showing)
4. Horizontales Mischen, vertikales Mischen
5. Dosieren (blending), Durchmischen (mixing)

286

Durch welchen Arbeitsschritt wird beim Spinnen die Festigkeit der Garne erreicht?

1. Verdrehen
2. Doppeln
3. Strecken
4. Überdrehen
5. Parallellegen

287

In welcher Antwort sind die wesentlichen Arbeitsschritte zum Spinnen von Kammgarn genannt?

1. Kardieren, Strecken, Kämmen, Ringspinnen, Färben, Mischen
2. Strecken, Rotorspinnen, Kämmen, Vorspinnen, Strecken
3. Ordnen, Doppeln und Strecken, Vorspinnen, Feinspinnen
4. Kämmen, Schmälzen, Ringspinnen, Mischen, Kardieren
5. Mischen, Schmälzen, Krempeln, Kämmen, Vorspinnen, Ringspinnen

288

In welcher Antwort sind nur Begriffe einer Webmaschine genannt?

1. Gangbahn, Flügel, Gleitschuh, Klöppel
2. Kopf, Schenkel, Fuß, Reihe
3. Einzugszylinder, Reißwalze, Siebtrommel, Abzugstisch
4. Kettbaum, Schäfte, Riet, Brustbaum
5. Mischer, Karde, Tambour, Streckwerk

289

Welche Antwort beschreibt das Prinzip einer Schaftmaschine bei der Gewebeherstellung?

1. Direkte starre Verbindung der Schäfte mit der Antriebswelle
2. Am Ende eines Projektils wird ein Schussfaden eingeklemmt
3. Vor jedem Schusseintrag wird von einem Informationsträger die Stellung des jeweiligen Schafts eingelesen
4. Zusammen mit dem beweglichen Streichbaum die Kettfadespannung möglichst konstant halten
5. Durch die schwingende Bewegung während des Fachwechsels nach vorn wird der Schussfaden an den Warenrand angeschlagen

290

Warum können an Jacquardwebmaschinen großrapportige Gewebe hergestellt werden?

1. Weil der Kettbaum besonders dicht gewickelt wird
2. Weil jeder Kettfaden individuell bewegt werden kann
3. Weil die Schussfäden besonders schnell befördert werden
4. Weil die Webmaschine besonders große Breiten herstellen kann
5. Weil der Kettbaum besonders dick gewickelt werden kann

291

Welches Schusseintragsverfahren ist dargestellt?

1. Schusseintrag durch Schiffchen
2. Schusseintrag durch Schützen
3. Schusseintrag durch Projektil
4. Schusseintrag durch Greifer
5. Schusseintrag durch Luftdüsen

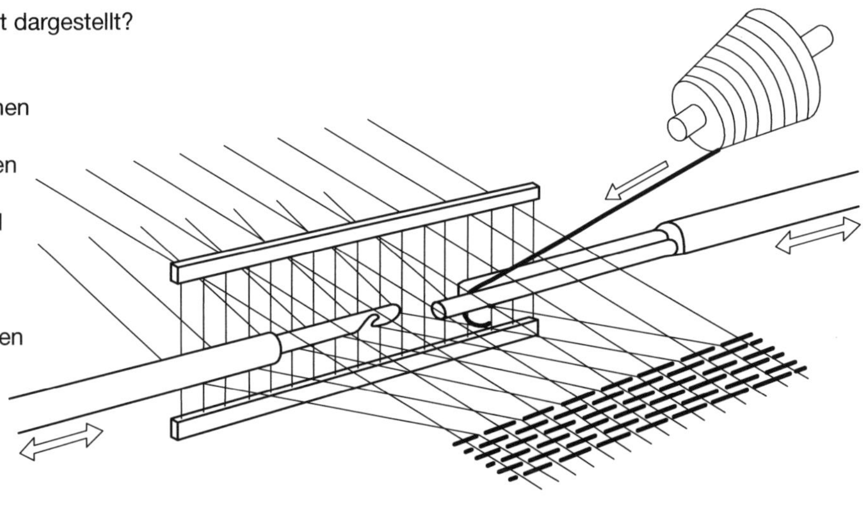

Abschlussprüfung – Textiltechnik
Fertigungstechniken, Produktionsverfahren

292

Welcher Gewebefehler ist schematisch dargestellt?

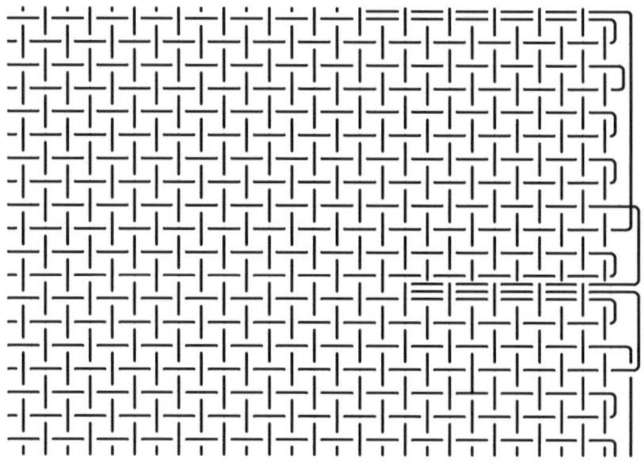

1. Doppelter Schussfaden
2. Kettfadenbruch
3. Schussfadenbruch
4. Schussfadenflottung
5. Ungleiche Schussfadendichte

293

Welche Wirkmaschine ist schematisch dargestellt?

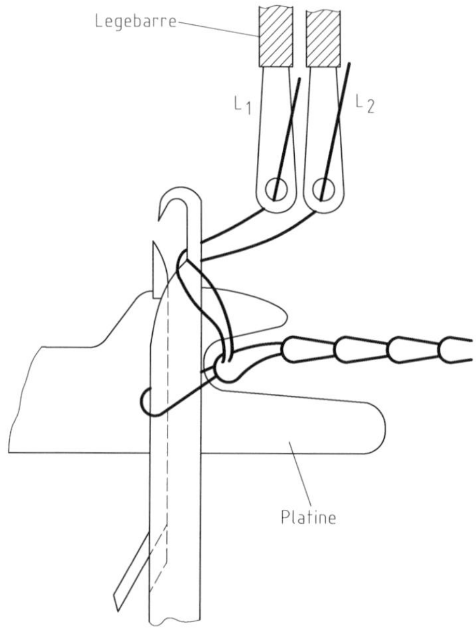

1. Kulierwirkmaschine
2. Kettenwirkautomat
3. Raschelmaschine
4. Häkelgalonmaschine
5. Strickmaschine

294

In welche zwei Gruppen werden die maschenbildenden Maschinen eingeteilt?

1. Nadel- und Fadenmaschinen
2. Garn- und Zwirnstrickmaschinen
3. Flach- und Ovalstrickmaschinen
4. Einzel- und Sammelwirkmaschinen
5. Strick- und Wirkmaschine

295

Was versteht man bei Maschenware unter einem Stehfaden?

1. Den Abstand zwischen zwei Bindungspunkten
2. Musterbezeichnung für horizontale Streifen durch farbige Schüsse
3. Den zugeführten verstreckten Faden bei einer Kuliermaschine
4. Den Schenkel der Masche zwischen Kopf und Füßen
5. Die parallel zur Warenkante verlaufende und geradlinige Fadenstrecke zwischen zwei Maschenstäbchen

296

In welcher Zeile sind die Nadeln zur Maschenbildung richtig benannt?

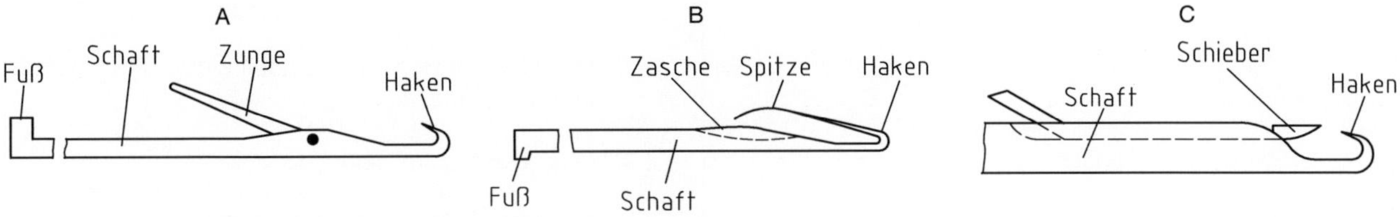

	A	B	C
1	Schiebernadel	Zungennadel	Spitzennadel
2	Spitzennadel	Schiebernadel	Zungennadel
3	Zungennadel	Spitzennadel	Schiebernadel
4	Spitzennadel	Zungennadel	Schiebernadel
5	Schiebernadel	Spitzennadel	Zungennadel

297

Welche Aussage über Strickmaschinen ist richtig?

1. Für die Fertigung von Rechts-Rechts-Maschenware wird nur ein Nadelbett benötigt
2. Strickmaschinen mit nur einem Nadelbett können nur Rechts-Links-Maschenware herstellen
3. Auf Strickmaschinen können keine Links-Links-Maschenwaren hergestellt werden
4. Zur Herstellung von Rechts-Links-Maschenware werden Spezialnadeln mit Transfertechnik benötigt
5. Strickmaschinen können nur mit einem Kettfadensystem herstellen

298

Wann spricht man von einem Filz?

1. Wenn ein Faservlies mechanisch verfestigt ist
2. Wenn ein Faservlies mittels Bindemittel verfestigt ist
3. Wenn ein Faservlies durch ein Spinnvliesverfahren hergestellt ist
4. Wenn ein Faservlies vernäht ist
5. Wenn ein Faservlies gewebt ist

299

Welchen wesentlichen Vorteil haben Wirrfaservliese gegenüber Vliesen mit längsorientierten Fasern?

1. Eine bessere Längsorientierung der Fasern
2. Eine bessere Querorientierung der Fasern
3. Eine gleichmäßigere und ruhigere Vliesoberfläche
4. Ein ausgeglicheneres Verhältnis der Längen- zur Querfestigkeit
5. Eine ausgeglichenere Farbverteilung der Fasern

300

Welches textile Flächengebilde gehört zu den Geflechten?

1. Gewirke
2. Maschenware
3. Gewebe
4. Klöppelspitze
5. Vliesstoffe

301

Welches ist ein technisches Textil bei der Geflechtherstellung?

1. Schnürsenkel
2. Stopfbuchspackungen
3. Spitze
4. Besatzartikel
5. Posamentenstoßbänder

302

Was wird bei der Teppichherstellung als Pol bezeichnet?

1. Ein oder mehrere Fadensysteme oder Faserbänder an der Oberseite
2. Das Grundgewirk oder Gestrick
3. Die Enden einer fertigen Teppichware
4. Die quer zur Warenkante verlaufende und geradlinige Fadenstrecke
5. Ein kräftiges Gewebe mit ausgeprägten dick hervortretenden Längsrippen

303

Zu welchem Bereich der Herstellung textiler Flächengebilde gehören die Begriffe Flach, Pol, Ruten und Axminster?

1. Maschenware
2. Teppiche
3. Gewebe
4. Gewirke
5. Vliese

304

Welche Aussage über den elektrischen Widerstand ist richtig?

1. Formelzeichen U und Einheit Ω
2. Formelzeichen I und Einheit V
3. Formelzeichen R und Einheit Ω
4. Formelzeichen Ω und Einheit A
5. Formelzeichen A und Einheit V

305

Was ist mindestens notwendig, damit ein elektrischer Strom fließen kann?

1. Ein Strommesser und ein elektrischer Leiter
2. Ein Schalter und ein Widerstand
3. Eine Spannungsquelle und eine Isolation
4. Eine Spannungsquelle und ein elektrischer Leiter
5. Ein elektrischer Leiter und ein Widerstand

306

Welche Wirkung des elektrischen Stroms ist bei der Lichterzeugung in der Glühlampe außerdem vorhanden und verursacht entsprechende Verluste?

1. Chemische Wirkung
2. Magnetische Wirkung
3. Wärmewirkung
4. Naturale Wirkung
5. Physiologische Wirkung

307

In dem Leiter fließt nach Anschluss an einer Spannungsquelle ein Strom. Wie verhält sich die Kompassnadel nach dem Schließen des Stromkreises?

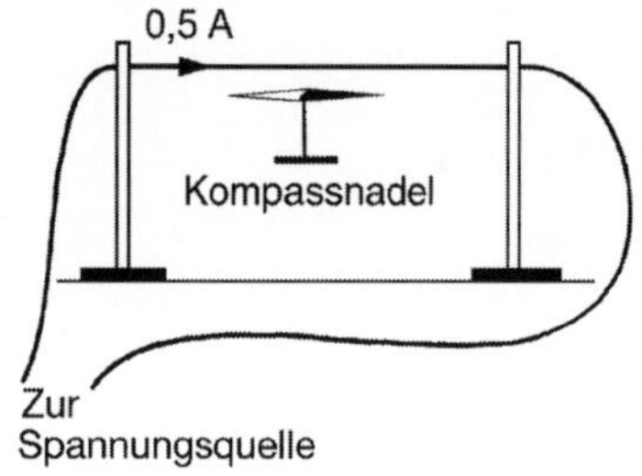

(1) Die Kompassnadel bewegt sich nicht, weil nur Spulen ein Magnetfeld erzeugen

(2) Die Kompassnadel dreht sich, weil ein ringförmiges Magnetfeld erzeugt wird

(3) Die Kompassnadel schlägt nicht aus, weil Gleichstrom kein Magnetfeld erzeugt

(4) Die Kompassnadel richtet sich aus, weil jeder stromdurchflossene Leiter von einem Magnetfeld umgeben ist

(5) Die Kompassnadel schlägt nicht aus, weil sich Magnetfelder mithilfe einer Kompassnadel nicht nachweisen lassen

308

Was versteht man unter dem Begriff Steuern?

(1) Eine Messgröße erreichen

(2) Eine Messgröße auf den gewünschten Wert einstellen

(3) Eine Messgröße abrufen und verarbeiten

(4) Eine Messgröße einstellen und fortlaufend kontrollieren, eventuell eingreifen

(5) Eine Messgröße fortlaufend anzeigen

309

Welches Glied ist für einen Regelkreis unerlässlich?

(1) Kupplungen

(2) Wellen

(3) Zahnräder

(4) Sensoren

(5) Getriebe

310

Welches Bauteil ist schematisch dargestellt?

(1) Ein Wellenlager

(2) Ein Magnetventil

(3) Ein Trafo

(4) Ein Schütz/Relais

(5) Ein Motor

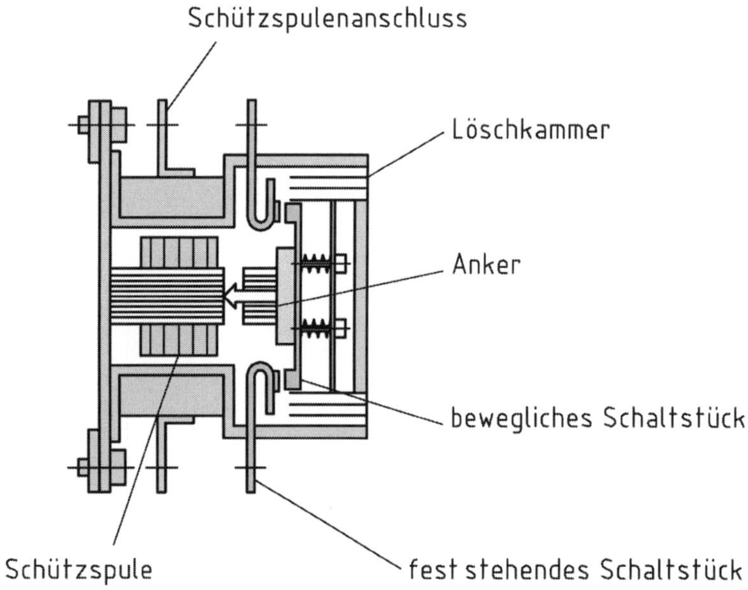

311

Durch welches Ausrüstungsverfahren werden Baumwollwaren dichter?

(1) Scheren
(2) Waschen
(3) Kalandern
(4) Bleichen
(5) Färben

312

Durch welches Ausrüstungsverfahren erscheinen Wollwaren glatter?

(1) Scheren
(2) Waschen
(3) Rauen
(4) Färben
(5) Drucken

313

In welcher Antwort sind nur mechanische Veredelungsverfahren genannt?

(1) Krumpfen, Bürsten, Klopfen
(2) Avivieren, Waschen, Trocknen
(3) Bürsten, Laugieren, Sengen
(4) Füllen, Entschlichten, Bleichen
(5) Abkochen, Mangeln, Pressen

314

Durch welches Veredelungsverfahren wird eine glatte, haarfreie Oberfläche erzielt?

(1) Sengen
(2) Trocknen
(3) Schmirgeln
(4) Bürsten
(5) Thermofixieren

315

Was versteht man unter Bleichen?

(1) Fixieren des Musters
(2) Überfärben der Naturfarbe
(3) Entfernen des Naturfarbstoffs
(4) Auftragen optischer Aufheller
(5) Waschen mit alkalischen Mitteln

316

Was wird unter physikalischem Recycling verstanden?

(1) Der textile Artikel wird mechanisch in seine Faserbestandteile zerlegt
(2) Der textile Artikel wird unter Einsatz von Wasserkraft in seine Faserbestandteile zerlegt
(3) Der textile Artikel wird unter Einsatz von Wärme in seine Faserbestandteile zerlegt
(4) Der textile Artikel wird unter Einsatz von Enzymen in seine Faserbestandteile zerlegt
(5) Der textile Artikel wird unter Einsatz von Pilzsporen in seine Faserbestandteile zerlegt

U317

Beschreiben Sie die Funktionsweise eines textilen Streckwerks und skizzieren Sie eines.

Aufgabenlösung:

U318

Nennen Sie vier Aufgaben bei der Spinnereivorbereitung.

Aufgabenlösung:

U319

Nennen Sie drei Ziele des Mischens bei der Garnherstellung.

Aufgabenlösung:

U320

Nennen Sie vier Aufgaben, die eine Karde bei der Garnherstellung hat.

Aufgabenlösung:

U321

Ein Vorbereitungsschritt zur Gewebeherstellung ist die Herstellung des Kettbaums.
Nennen und beschreiben Sie ein Verfahren der Kettbaumherstellung.

Aufgabenlösung:

U322

Innerhalb der Wirkprozesse unterscheidet man zwischen verschiedenen Wirkungsweisen.
Nennen Sie die beiden Wirkprozesse und beschreiben Sie einen davon.

Aufgabenlösung:

U323

Beim maschenbildenden Prozess unterscheidet man zwischen Strick- und Wirkprozessen.
Beschreiben Sie einen Unterschied zwischen diesen Prozessen.

Aufgabenlösung:

U324

Nennen Sie drei Musterungsmöglichkeiten bei Strickmaschinen und beschreiben Sie eine Realisierung.

Aufgabenlösung:

Musterung	Realisierung

U325

Nennen Sie zwei Vorteile, die die Vliesstofftechnik gegenüber klassischen textilen Flächengebilden wie Geweben und Gestricken hat.

Aufgabenlösung:

U326

Nennen Sie drei typische Vliesstoffanwendungen inklusive der entsprechenden Vliesbildung und Verfestigung.

Aufgabenlösung:

U327

Nennen Sie zwei Verfahren der Vliesverfestigung und beschreiben Sie eines davon.

Aufgabenlösung:

U328

Nennen Sie vier Bereiche, in denen Geflechte eingesetzt werden, und nennen Sie jeweils ein praktisches Beispiel.

Aufgabenlösung:

329

Was bedeutet folgendes Symbol in einem Grafcet-Funktionsplan?

1. Aktivieren eines gespeicherten Befehls
2. Makroschritt unter Bedingung 1
3. Anfahrschritt mit zugeordneter Schrittnummer 1
4. Schritt mit zugeordneter Schrittnummer
5. Achtung! Anlage darf nur einmal geschaltet werden

330

Welche Angaben sind in einem Arbeitsplan enthalten?

1. Angaben zur Optimierung der Fertigung
2. Angaben zur Störungsbeseitigung
3. Angaben zum Werkstofflieferanten
4. Angaben zum Bearbeitungsablauf
5. Angaben zum Liefertermin

331

Welche Funktionen haben Verfahrensanweisungen?

1. Sie beschreiben die Produktpalette
2. Sie beschreiben die betrieblichen Prozesse
3. Sie sind Hilfsmittel eines Verfahrens
4. Sie legen die Fahrwege des Befördersystems fest
5. Sie legen die Arbeitszeit eines Verfahrens fest

332

Wie wird das Verfahren zur Ermittlung der Vorgabezeit durch Messen und Auswerten von Ist-Zeiten fachgerecht bezeichnet?

1. Arbeitszeiterfassung
2. Arbeitsbewertung
3. Anwesenheitskontrolle
4. Leistungsbewertung
5. Zeitaufnahme

333

Das Diagramm zeigt für verschiedene Widerstände (R_1 bis R_3) die Abhängigkeit des Stroms von der angelegten Spannung. Welche Aussage ist richtig?

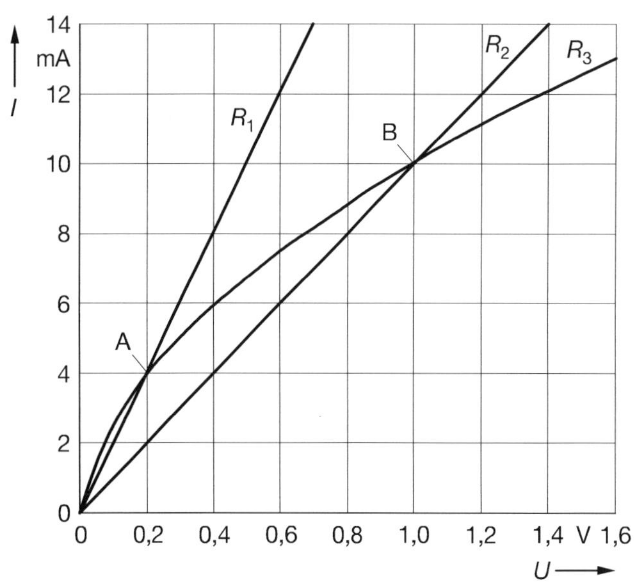

1. Beim Schnittpunkt A ist $R_1 < R_3$
2. Beim Schnittpunkt B ist $R_2 = R_3$
3. Beim Schnittpunkt A ist $R_2 > R_3$
4. Beim Schnittpunkt B ist $R_1 = R_3$
5. Beim Schnittpunkt A ist $R_1 = R_2$

334

Welche Aussage zu dem abgebildeten Leistungsschild eines Motors ist richtig?

Hersteller		
Typ: 1234		
3 - Mot. Nr. 08/15		
Y 400 V		28,5 A
15 kW S1		cos φ 0,85
1460 /min		50 Hz
V A		
Isol.-Kl. B	IP 54	90 kg
DIN VDE 0530 Teil 1, 1984		

(1) Anschluss an Wechselspannung 230 V

(2) Die Spannung beträgt 28,5 A

(3) Die Umdrehungsfrequenz des Motors beträgt 15 kW

(4) Der Motor arbeitet bei Dreiphasenwechselspannung

(5) Der Wirkungsgrad beträgt 0,85 %

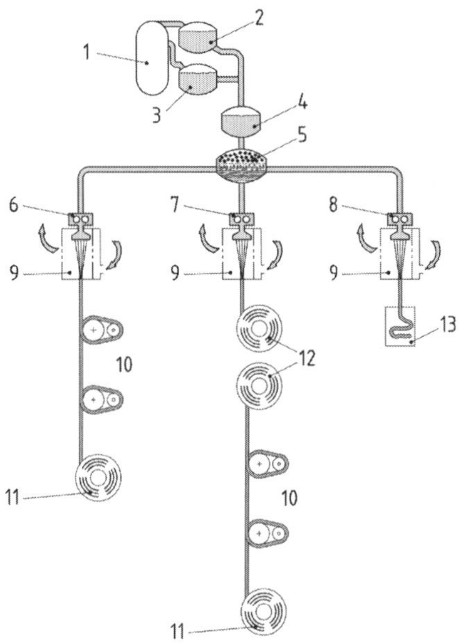

Bild a

335

Bild a. Welches Spinnverfahren für Chemiefasern ist dargestellt?

(1) Schmelzspinnen

(2) Nassspinnen

(3) Rotorspinnen

(4) Kammgarnspinnen

(5) Streichgarnspinnen

336

Bild a. Welche Fasern werden in dem dargestellten Verfahren gewonnen?

(1) Viskose

(2) Acetat

(3) Cupro

(4) Polyamid

(5) Seide

337

Bild a. Welcher Arbeitsschritt wird auf Pos.-Nr. 10 durchgeführt?

(1) Schmelzen

(2) Texturieren

(3) Mischen

(4) Wickeln

(5) Verstrecken

338

Welche Drehrichtungen haben bei dem skizzierten Zwirn die beiden Garne und der Zwirn?

	Linkes Garn	Rechtes Garn	Zwirn
(1)	Z-Drehung	Z-Drehung	Z-Drehung
(2)	Z-Drehung	Z-Drehung	S-Drehung
(3)	Z-Drehung	S-Drehung	S-Drehung
(4)	S-Drehung	S-Drehung	Z-Drehung
(5)	S-Drehung	S-Drehung	S-Drehung

339

Welche Grundbindung ist durch das Bindungsbild dargestellt?

(1) Kettatlas
(2) Schussatlas
(3) Kettköper
(4) Schussköper
(5) Leinwandbindung

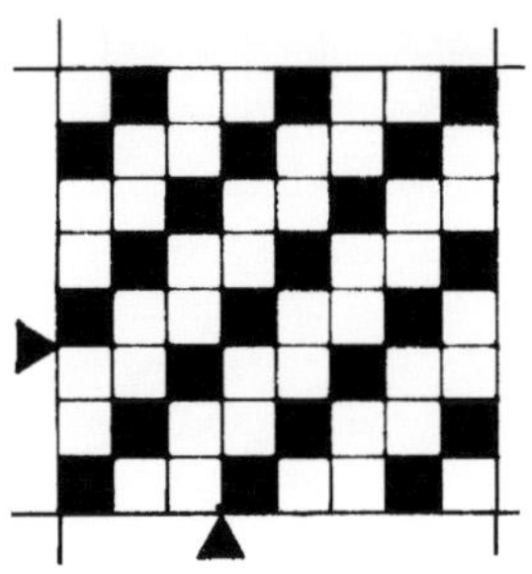

340

Welche Bindungsformel gehört zur dargestellten Bindung?

(1) 30-0106-01-03
(2) 31-0106-01-03
(3) 10-0202-02-00
(4) 30-0601-01-03
(5) 20-0106-01-01

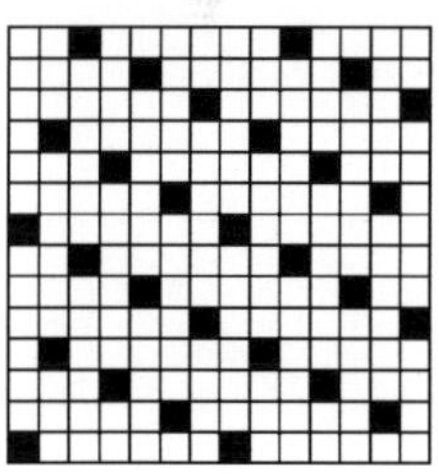

341

Worum handelt es sich bei dieser Skizze?

(1) Um eine Kettenwirkware in Trikotlegung
(2) Um eine Kettenwirkware in Tuchlegung
(3) Um eine Rechts/Links-Einfadenware
(4) Um eine Rechts/Rechts-Einfadenware
(5) Um eine Interlock-(RRG-)Einfadenware

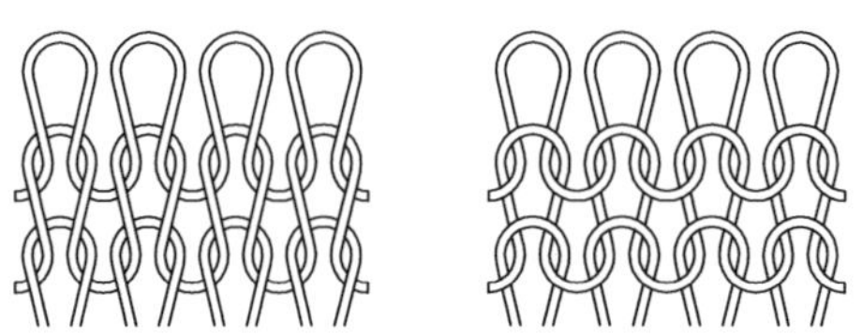

342

Welche Legung einer Kettenwirkware ist dargestellt?

1. Franse
2. Trikot, geschlossen
3. Trikot, offen
4. Tuch, geschlossen
5. Tuch, offen

343

Welche Behauptung über „Maßpfeile" in einer technischen Zeichnung ist richtig?

1. Maßpfeile werden nur in Fertigungszeichnungen angebracht
2. Maßpfeile dürfen nur angebracht werden, wenn die Maßeinheit in mm angegeben wird
3. Maßpfeile dürfen nur in Tuschezeichnungen angebracht werden
4. Maßpfeile dürfen als Maßlinienbegrenzung an Kreisbogen nicht angewendet werden
5. Maßpfeile begrenzen die Enden der Maßlinien

344

Welches Bild zeigt die richtige Ansicht in Pfeilrichtung des räumlich dargestellten Körpers?

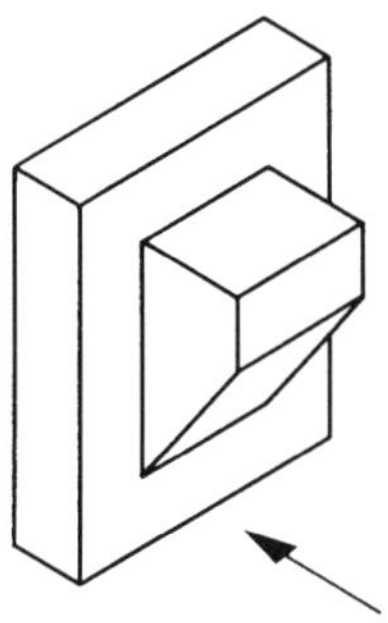

1

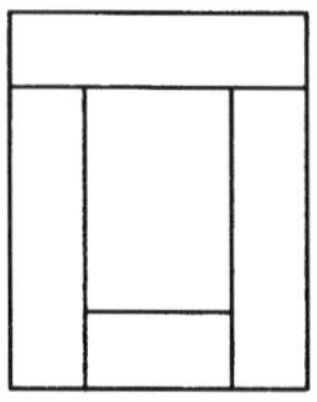

2

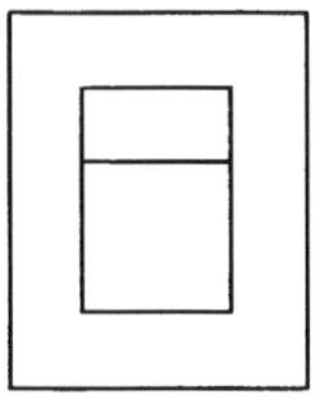

3

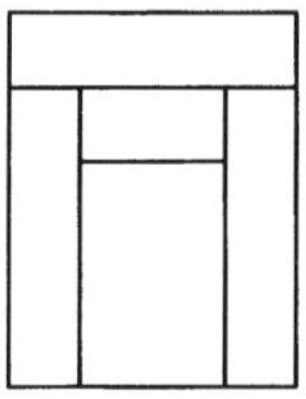

4

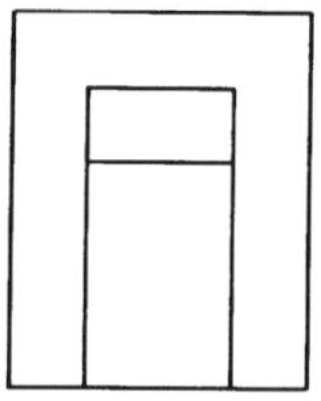

5

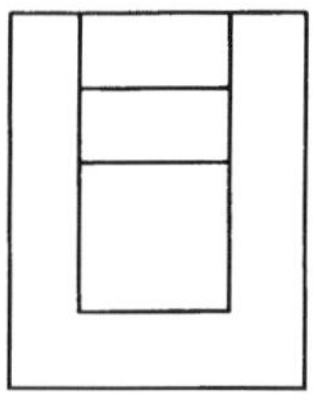

345

Beim Transport sowie beim Umpacken von Kunststoffgranulat und brennbaren Stoffen müssen Apparaturen geerdet werden. Welche Aussage ist richtig?

1. Durch das Erden wird eine elektrostatische Spannung aufgebaut und Strom fließt
2. Durch das Erden wird die Apparatur an die Stromversorgung angeschlossen und kann in Betrieb genommen werden
3. Elektrostatische Aufladungen treten nur in den Sommermonaten auf, deshalb wird dann geerdet
4. Durch das Erden werden statische Aufladungen, die auch zu Explosionen führen können, verhindert
5. Es genügt, wenn eine Erdungsanlage vorhanden ist. Ein guter direkter Kontakt mit der Anlage ist nicht erforderlich

346

Welche drei Recyclingtypen werden im textilen Bereich unterschieden?

1. Frühjahrs-, Sommer-, Winter-Recycling
2. Naturfaser-, Chemiefaser-, Mischfaser-Recycling
3. Stoffliches, chemisches, thermisches Recycling
4. Neuwaren-, Altwaren-, Gebrauchtwaren-Recycling
5. Sammel-, Sortier-, Lager-Recycling

347

Zur Verarbeitung einer l = 2 m langen textilen Ware sind t = 3,25 min erforderlich.
Welche Länge L (in m) kann bei einer Arbeitszeit von 8 Stunden abzüglich 38 Minuten für Nebenzeiten verarbeitet werden?

(1) L = 136 m

(2) L = 148 m

(3) L = 159 m

(4) L = 272 m

(5) L = 295 m

Nebenrechnung Aufgabe 347:

348

5 Arbeiter benötigen für eine Arbeit t = 70 h.
Welche Zeit t_1 (in h) benötigen 7 Arbeiter?

(1) t_1 = 44 h

(2) t_1 = 50 h

(3) t_1 = 55 h

(4) t_1 = 72 h

(5) t_1 = 98 h

Nebenrechnung Aufgabe 348:

349

Quadratische textile Ware mit den Maßen 50 cm × 50 cm soll bedruckt werden.
Wie viel Stück Ware müssen bearbeitet werden, wenn die Leistung 3 m^2/h betragen soll?

(1) 4 Stück

(2) 6 Stück

(3) 8 Stück

(4) 10 Stück

(5) 12 Stück

Nebenrechnung Aufgabe 349:

350

5 Mitarbeiter benötigen für eine Arbeit 20 Tage.
Wie viele Mitarbeiter müssten eingesetzt werden, um die Arbeit in der halben Zeit fertigzustellen?

1. 10 Mitarbeiter
2. 20 Mitarbeiter
3. 30 Mitarbeiter
4. 40 Mitarbeiter
5. 50 Mitarbeiter

Nebenrechnung Aufgabe 350:

351

Für das Anfertigen einer textilen Ware benötigen 5 Facharbeiter 24 h. Nach 12 h werden 2 Facharbeiter abgezogen.
Um wie viel Stunden verzögert sich dadurch die Fertigstellung der Ware?

1. 2 Stunden
2. 4 Stunden
3. 8 Stunden
4. 10 Stunden
5. 20 Stunden

Nebenrechnung Aufgabe 351:

352

Eine textile Anlage läuft bei einem Artikel mit einer Geschwindigkeit von $v = 25$ m/min. In einer Arbeitszeit von $t = 7{,}5$ h werden $L = 9900$ m dieses Artikels erzeugt.
Wie groß ist der Wirkungsgrad η (in %)?

1. $\eta =$ 81 %
2. $\eta =$ 88 %
3. $\eta =$ 92 %
4. $\eta =$ 114 %
5. $\eta =$ 124 %

Nebenrechnung Aufgabe 352:

U353

Zeichnen Sie unter Verwendung der genormten Schaltzeichen einen elektrischen Stromkreis, bestehend aus Gleichspannungsquelle, Sicherung, Leuchte und Kontakt (Schließer).
Zeichnen Sie in den Stromkreis einen Strommesser ein sowie einen Spannungsmesser, der die Spannung, die an der Leuchte abfällt, misst.

Aufgabenlösung:

U354

Nennen Sie zwei Grundbindungen der Weberei oder deren Ableitungen und Erweiterungen und zeichnen Sie jeweils eine Beispielbindungspatrone mit entsprechendem Bindungskurzzeichen.

Aufgabenlösung:

U355

Skizzieren Sie eine Masche und benennen Sie die wichtigsten Teile.

Aufgabenlösung:

U356

Skizzieren Sie einen dreistufigen achtfachen Zwirn.

Aufgabenlösung:

U357

Die Abbildung zeigt eine automatische Reißanlage.
Ordnen Sie den Begriffen die entsprechenden Positions-Nummern zu.

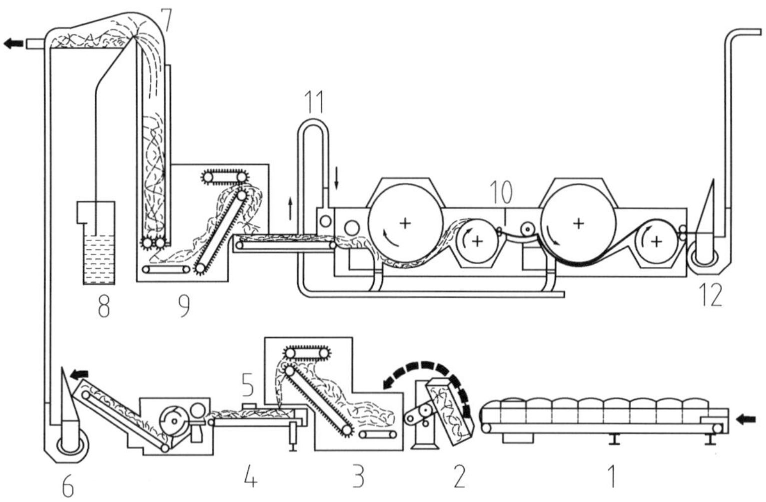

Aufgabenlösung:

Pos.-Nr.	Bezeichnung
	Aviviereinrichtung
	Ballenförderer
	Förderventilator
	Kastenspeiser
	Kastenspeiser
	Kippeinrichtung
	Metalldetektor
	Pitzenrückführung
	Weitertransport durch Förderventilator
	Reißmaschine
	Schneidmaschine
	Füllschacht

U358

Wie viel komplette Rapporte können auf eine Ware mit einer Länge L = 1 225 m gedruckt werden, wenn auf dem Umfang der Prägewalze 10 Rapporte sind und der Walzendurchmesser d = 50 cm beträgt?

Das Ergebnis ist ganzzahlig anzugeben.

Aufgabenlösung:

U359

Auf 20 Webmaschinen wird in einer Zeit von t = 42 h Ware mit einer Gesamtlänge von L = 15 725 m hergestellt.
Welchen Wirkungsgrad η (in %) haben die Webmaschinen, wenn die Umdrehungsfrequenz n = 800 min^{-1} und die Schussdichte 20 Fäden pro Zentimeter betragen?

Das Ergebnis ist ganzzahlig anzugeben.

Aufgabenlösung:

360

Welcher pH-Wert-Bereich ist kennzeichnend für saure Lösungen?

1. pH > 7
2. pH < 14
3. pH < 7
4. pH = 7
5. pH > 14

361

Was sagt das Flottenverhältnis aus?

1. Das Verhältnis zwischen Farbstoff und Wasser in der Flotte
2. Das Verhältnis zwischen Partiemasse und Flottenmenge
3. Das Verhältnis zwischen Quadratmetermasse der Ware und Flottenmenge
4. Das Verhältnis zwischen Hilfsmittelmenge und Wasser in der Flotte
5. Das Verhältnis zwischen Temperatur und Zeit der Behandlung

362

Welche Aussage über heterogene Gemenge ist richtig?

1. Es sind Reinstoffe
2. Es sind uneinheitliche Gemenge und die einzelnen Phasen lassen sich erkennen
3. Alle Gasgemische sind ihnen zugeordnet
4. Es sind einheitliche Gemenge und die einzelnen Phasen sind nicht erkennbar
5. Alle Legierungen zählen zu den heterogenen Gemengen

363

Wozu werden Emulgatoren benötigt?

1. Um Feinverteilungen von Öltröpfchen in Wasser herzustellen
2. Um reine Lösungen herzustellen
3. Um Scheinlösungen aus Zuckermolekülen herzustellen
4. Um Feinverteilungen von Feststoffen in Wasser herzustellen
5. Um echte Salzlösungen herzustellen

364

Wozu werden Netzmittel verwendet?

1. Zum Sammeln von textilen Reststoffen
2. Zur Verlangsamung eines angelaufenen Veredelungsprozesses
3. Zur Erzeugung einer wasserabweisenden Oberfläche auf dem Textilgut
4. Zur Herabsetzung der Oberflächenspannung zwischen Textilgut und Flotte
5. Zur Bildung einer netzartigen Struktur auf dem Textilgut

365

Was sind Katalysatoren?

1. Chemikalien zur beschleunigten Entfernung von Farbstoffresten und anderer nicht erwünschter Begleitstoffe
2. Chemikalien zur Einleitung und Beschleunigung von chemischen Prozessen, ohne selber daran teilzunehmen
3. Chemikalien zur besseren Auflösung von Appreturmittel und zur anschließenden Unterbrechung des Prozesses
4. Chemikalien zur Verbesserung der Haltbarkeit von Farbstoffdispersionen und zur Verbesserung der Netzbarkeit
5. Chemikalien zur Vermeidung von Oxidationsschäden nach Bleichvorgängen und anderen Prozessen

366

Welche Färbung zeigt bei einer Kaliumiodid/Iod-Lösung noch Reststärke an?

1. Rot bis Orange
2. Braun bis Orange
3. Grün bis Gelb
4. Violett bis Blau
5. Gelb bis farblos

367

Welche Lösung wird bei einer alkalischen Reinigung in der Textilveredelung verwendet?

1. Natriumhydroxid
2. Kaliumhydroxid
3. Bariumhydroxid
4. Lithiumhydroxid
5. Calciumhydroxid

368

Welche Säure wird überwiegend beim Karbonisieren verwendet?

1. Salzsäure HCl
2. Schwefelsäure H_2SO_4
3. Schwefelwasserstoffsäure H_2S
4. Salpetersäure HNO_3
5. Essigsäure CH_3COOH

369

Zum Entfernen von wasserunlöslichen Schlichten werden unter anderem Enzyme verwendet. Was sind Enzyme?

1. Chemische Katalysatoren
2. Oxidative Spaltungen
3. Biologische Katalysatoren
4. Reduktive Spaltungen
5. Künstliche Stoffe

370

Wie funktionieren Reduktionsbleichmittel?

1. Sie sind Sauerstoff abgebende Verbindungen
2. Sie sind Kohlenstoff aufnehmende Verbindungen
3. Sie sind chlorhaltige Verbindungen
4. Sie sind Sauerstoff aufnehmende Verbindungen
5. Sie sind Peroxidverbindungen

371

Welches ist eine Reduktionsbleiche?

1. Wasserstoffperoxid H_2O_2
2. Natriumdithionit $Na_2S_2O_4$
3. Natriumhypochlorit $NaOCl$
4. Salpetersäure HNO_3
5. Natriumchlorit $NaClO_2$

372

Welchen Vorteil hat eine Kaltbleiche gegenüber der Heißbleiche?

1. Geringere Faserschädigung
2. Kürzere Behandlungszeit
3. Höheren Weißgrad
4. Hohen Energieverbrauch
5. Kontinuierlichen Verfahrensablauf

373

Bei welchem Prozess werden Oxidationsmittel in der Textilveredelung verwendet?

1. Abkochen
2. Bleichen
3. Mercerisieren
4. Neutralisieren
5. Weichmachen

374

Was zählt zu den Bleichhilfsmitteln?

1. Passivatoren, Strom
2. Wasserstoffperoxid, Schwefeldioxid
3. Schlichten, Farbstoffe
4. Aktivatoren, Stabilisatoren
5. Avivagemittel, Kohlenstoffe

375

Wozu dienen optische Aufheller?

1. Aufhellen dunkler Flächen
2. Erhöhen eines Weißgrads
3. Färben eines Textilguts
4. Bleichen eines Textilguts
5. Ausgleichen von Fehlfärbungen

376

In welche Gruppen werden Tenside entsprechend ihrer Ladung eingeteilt?

1. Kationisch, anionisch und nichtionogen
2. Sauer, basisch und neutral
3. Großmolekular und kleinmolekular
4. Synthetisch und natürlich
5. Elektrisch, mechanisch und chemisch

377

Bei welchem Vorbehandlungsverfahren wird konzentrierte Natronlauge eingesetzt?

1. Mercerisieren
2. Karbonisieren
3. Walken
4. Sengen
5. Beuchen

378

Welche Chemikalie bewirkt beim Karbonisieren das Zerstören pflanzlicher Verunreinigungen?

(1) Natronlauge
(2) Schwefelsäure
(3) Essigsäure
(4) Glaubersalz
(5) Oxalsäure

379

Welcher Härtebildner kann durch Erhitzen entfernt werden und bildet demzufolge nur eine zeitweilige (temporäre) Härte?

(1) $CaCl_2$
(2) $CaSO_4$
(3) $MgCl_2$
(4) $MgSO_4$
(5) $Ca(HCO_3)_2$

380

Welche ist die richtige Vorgehensweise beim Ansetzen einer Veredelungsflotte mit einem Textilhilfsmittel (THM)?

(1) Ansatzbehälter halb mit Wasser füllen, THM abwiegen, THM vorverdünnen, THM dem Ansatz zugeben, Ansatz auf Endvolumen auffüllen
(2) THM vorverdünnen, THM dem Ansatz zugeben, Ansatzbehälter halb mit Wasser füllen, THM abwiegen, Ansatz auf Endvolumen auffüllen
(3) Ansatz auf Endvolumen auffüllen, Ansatzbehälter halb mit Wasser füllen, THM abwiegen, THM vorverdünnen, THM dem Ansatz zugeben
(4) THM dem Ansatz zugeben, Ansatzbehälter halb mit Wasser füllen, THM abwiegen, THM vorverdünnen, Ansatz auf Endvolumen auffüllen
(5) THM abwiegen, THM dem Ansatz zugeben, Ansatzbehälter halb mit Wasser füllen, THM vorverdünnen, Ansatz auf Endvolumen auffüllen

381

In welcher Antwort ist die Chemikalie dem Veredelungsverfahren richtig zugeordnet?

(1) Mercerisieren – H_2O_2
(2) Karbonisieren – NaOH
(3) Alkalische Reinigung – NaOH
(4) Bleichen – HCl
(5) Laugieren – CH_3COOH

382

Die Abbildungen zeigen die Wirkungsweise anionischer Tenside beim Waschprozess. Welche Reihenfolge ist richtig?

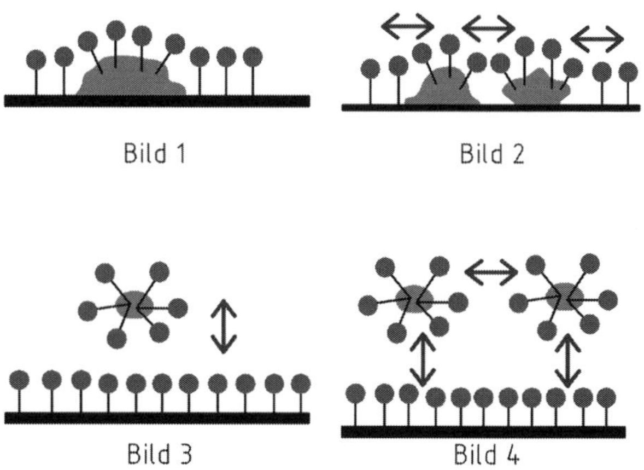

(1) Herabsetzen der Grenzflächenspannungen, bürstenförmige Anordnung der Tenside, Halbkugelbildung, Kugelbildung, Spülen
(2) Spülen, Herabsetzen der Grenzflächenspannungen, Kugelbildung, Halbkugelbildung, bürstenförmige Anordnung der Tenside
(3) Bürstenförmige Anordnung der Tenside, Spülen, Herabsetzen der Grenzflächenspannungen, Kugelbildung, Halbkugelbildung
(4) Herabsetzen der Grenzflächenspannungen, Halbkugelbildung, Kugelbildung, Spülen, bürstenförmige Anordnung der Tenside
(5) Spülen, Herabsetzen der Grenzflächenspannungen, bürstenförmige Anordnung der Tenside, Kugelbildung, Halbkugelbildung

383

Welche Masse *m* (in kg) einer Ware muss in einen Färbeapparat eingefahren werden, wenn dieser $V = 2550$ Liter fasst und ein Flottenverhältnis von 1 : 6 eingehalten werden muss?

1. $m = 255$ kg
2. $m = 364$ kg
3. $m = 425$ kg
4. $m = 470$ kg
5. $m = 550$ kg

Nebenrechnung Aufgabe 383:

384

Eine Bleichchemikalie kostet pro Kilogramm 3,21 EUR.
Zum Bleichen einer Partie von $m = 180$ kg werden 8 g/L benötigt.
Wie groß sind die Bleichmittelkosten *K* (in EUR), wenn im Flottenverhältnis von 1 : 15 gebleicht werden muss?

1. $K =$ 4,62 EUR
2. $K =$ 8,67 EUR
3. $K =$ 21,60 EUR
4. $K =$ 69,34 EUR
5. $K =$ 138,68 EUR

Nebenrechnung Aufgabe 384:

385

Zum Abkochen von Rohbaumwolle werden $V = 1{,}6\ m^3$ Abkochflotte mit einer NaOH-Konzentration von 28 g/L benötigt. Die eingesetzte Natronlauge hat eine Dichte $\varrho = 1{,}40$ g/mL.
Welches Volumen V_{NaOH} (in L) Natronlauge muss eingesetzt werden?

1. $V_{NaOH} = 12{,}0$ L
2. $V_{NaOH} = 22{,}4$ L
3. $V_{NaOH} = 24{,}5$ L
4. $V_{NaOH} = 30{,}5$ L
5. $V_{NaOH} = 32{,}0$ L

Nebenrechnung Aufgabe 385:

386

Welche Konzentration ζ (in g/kg) muss bei einer Ansatzflotte eingestellt werden, wenn mit einer Flottenaufnahme von 85 % appliziert wird und auf der Ware eine Applikationsmittelmenge von 30 g/kg erzielt werden soll?

1. ζ = 22,2 g/kg
2. ζ = 25,5 g/kg
3. ζ = 35,3 g/kg
4. ζ = 40,6 g/kg
5. ζ = 50,0 g/kg

Nebenrechnung Aufgabe 386:

387

Eine Lösung, bestehend aus Salz und Wasser, soll eine Masse m = 200 kg haben.
Wie groß sind die Massenanteile m_{Salz} (in kg) und m_{Wasser} (in kg), wenn ein Salzgehalt von 9 % eingestellt werden soll?

	m_{Salz}	m_{Wasser}
1	9 kg	192 kg
2	9 kg	200 kg
3	18 kg	182 kg
4	18 kg	192 kg
5	18 kg	200 kg

Nebenrechnung Aufgabe 387:

388

Es entstanden im Rahmen einer Instandsetzung 500,00 EUR Material- und Ersatzteilkosten und 840,00 EUR Lohnkosten. Im Rahmen der Rechnungserstellung werden noch der Reihe nach aufgeschlagen: 3,5 % Verwaltung und Vertrieb, 5,5 % Gewinn und Wagnis, 19 % Umsatzsteuer. Wie lautet der Rechnungsbetrag?

1. 1 366,90 EUR
2. 1 386,90 EUR
3. 1 463,18 EUR
4. 1 715,20 EUR
5. 1 741,18 EUR

Nebenrechnung Aufgabe 388:

U389

Nennen Sie zwei anorganische Säuren und geben Sie jeweils die chemische Summenformel an.

Aufgabenlösung:

U390

Nennen Sie zwei oxidative Bleichmittel und geben Sie jeweils die chemische Summenformel an.

Aufgabenlösung:

U391

Beschreiben Sie drei Mängel, die bei der Verwendung von hartem Wasser in der Textilveredelung auftreten können.

Aufgabenlösung:

U392

Nennen Sie fünf Eigenschaften, die Waschmittel aufweisen sollten.

Aufgabenlösung:

U393

Beschreiben Sie, was man unter orientierter Adsorption (Anlagerung) von Tensidmolekülen versteht, und veranschaulichen Sie diesen Vorgang durch eine Skizze.

Aufgabenlösung:

U394

Wie viel Bleichmittel V_{Bleich} (in L) benötigt man für eine Partie von m = 230 kg, wenn im Flottenverhältnis 1 : 15 gebleicht werden soll und 8 mL/L Bleichchemikalie benötigt werden?

Das Ergebnis ist mit einer Stelle nach dem Komma anzugeben.

Aufgabenlösung:

U395

Eine 3,5%ige Natronlauge wird für einen Beuchprozess benötigt. Zur Verfügung stehen m = 120 kg Ätznatron (100 %).
Wie viel Beuchflotte V_{Flotte} (in L) kann aus der vorhandenen Menge Ätznatron hergestellt werden?
($\varrho_{Na\text{-}Lauge}$ = 1,038 g/cm^3)

Das Ergebnis ist ganzzahlig anzugeben.

Aufgabenlösung:

396

Warum wird textile Ware veredelt?

1. Um die Ware teurer zu machen
2. Um die Ware schöner, farbiger oder gebrauchstüchtiger zu machen
3. Um die Ware einem weiteren Prozess zu unterziehen
4. Um die Eigenschaften der Rohware zu erhalten
5. Um Fehler in der Ware zu kaschieren

397

Wie wird der Begriff Warenschau umschrieben?

1. Alle Ware wird auf Herstellungsfehler, Fremdkörper oder Verunreinigungen durchgesehen
2. Knoten und Fadenverdichtungen werden mit einer handlichen Zange oder Pinzette rausgerissen
3. Ware läuft mit großer Geschwindigkeit über hoch erhitzte Platten oder durch Gasflammen
4. Ware wird mit einer synthetischen Schicht überzogen
5. Auswaschen von Verunreinigungen oder aus vorangegangenen Bearbeitungsprozessen stammenden Begleitstoffen

398

Welches Veredelungsverfahren gehört zur Vorbehandlung?

1. Pflegeleichtausrüstung
2. Walken
3. Entschlichten
4. Oleophobieren
5. Kalandern

399

Im Zuge der Vorbehandlung werden Titrationen durchgeführt. Welchen Zweck hat dieser Vorgang?

1. Den Verschmutzungsgrad der Rohware zu bestimmen
2. Den Verschmutzungsgrad der Behandlungsflotte zu bestimmen
3. Die Garnfeinheit (Titer) der zu behandelnden Ware zu bestimmen
4. Die aufgetretenen Rohwarenfehler zu messen
5. Die Konzentration der Vorbehandlungsflotte zu bestimmen

400

Waschen ist ein typisches Vorbehandlungsverfahren. Wonach richten sich unter anderem die Waschbedingungen?

1. Temperatur und Druck der Waschflotte
2. Erwünschter Reinigungseffekt
3. Vorhandene Zeit für die Partie
4. Aufstellungsort und Größe der Anlage
5. Einkaufsbedingungen der Flottenbestandteile

401

In welche Teilprozesse wird der Waschprozess unterteilt?

1. Benetzen, Waschen, Suspendieren, Spülen
2. Sammeln, Waschen, Spülen, Trocknen
3. Behandeln, Vorwaschen, Spülen, Abquetschen
4. Wickeln, Imprägnieren, Aufheizen, Abquetschen
5. Strecken, Waschen, Abquetschen, Trocknen

402

Welche Maßnahmen zählen zu den Entwässerungsarten?

1. Bleichen, Rauen, Entschlichten
2. Waschen, Aufhellen, Sengen
3. Abquetschen, Absaugen, Zentrifugieren
4. Scheren, Schmirgeln, Klopfen
5. Fixieren, Beuchen, Mercerisieren

403

Welcher Fertigungstechnik ist die richtige Veredelungsstufe zugeordnet?

1. Kalandern – thermische Appretur
2. Hydrophobieren – mechanische Appretur
3. Sengen – chemische Appretur
4. Scheren – thermische Appretur
5. Avivieren – chemische Appretur

404

Wie erfolgt die Trocknung des Materials in einem HF-Trockner?

1. Durch Einblasen von Heißluft
2. Durch Infrarotstrahlung
3. Durch heiße Walzen
4. Durch Sonnenkollektoren
5. Durch Schwingungen im elektrischen Feld

405

Was versteht man im Textilbereich unter einer Entschlichtung?

1. Das Entfernen von Schlichtemitteln auf Stärke- oder Synthesebasis
2. Das Auftragen von Schlichtemitteln auf eine textile Fläche
3. Das Entfernen von pflanzlichen Verschmutzungen aus dem Textilgut
4. Das Auftragen von Fetten auf ein Textilgut zum Glätten und Weichermachen
5. Das Entfernen von Unebenheiten auf einer textilen Fläche

406

Welche Faktoren beeinflussen die Bleichintensität?

1. Flottenkonzentration, Prozesstemperatur, Verweildauer der Ware
2. Umgebungstemperatur, Luftfeuchte, Luftdruck
3. Flottenmenge, Prozessdruck, Anlagentyp
4. Anlagengeschwindigkeit, Abquetschdruck, Trockengeschwindigkeit
5. Saugfähigkeit der Ware, Warenoberfläche, Verschmutzungsgrad

407

Welche Maschine hat einen diskontinuierlichen Verfahrensprozess?

1. Foulard
2. Pflatsche
3. Kalander
4. Jigger
5. Spannrahmen

408

Welche Technik ergibt eine besonders weiche, flauschige Warenoberfläche?

1. Kalandern
2. Sengen
3. Rauen
4. Sanforisieren
5. Hydrophobieren

409

Bei welchem Verfahren handelt es sich um eine Nassveredelung?

1. Rauen
2. Kalandern
3. Hydrophobieren
4. Sanforisieren
5. Rakeln

410

Welche Veredelungsmaßnahmen können mithilfe des Spannrahmens vorgenommen werden?

1. Brennen, Kalandern, Appretieren, Krumpfen
2. Trocknen, Thermofixieren, Kondensieren, Spannen
3. Waschen, Egalisieren, Hydrofixieren, Dämpfen
4. Entschlichten, Sengen, Moirieren, Weichmachen
5. Entwässern, Avivieren, Rakeln, Scheren

411

Welcher Maschinenparameter beeinflusst wesentlich die Warenlänge an einem Spannrahmen?

1. Einstellung der Voreilung
2. Breiteneinstellung
3. Maschinengeschwindigkeit
4. Temperatur
5. Walzendruck

412

Was wird durch Chlorieren von Wolle erreicht?

1. Aufhellen der Wollware
2. Erhöhung des Glanzes
3. Reduzierung der Neigung zu verfilzen
4. Entfernen von Verunreinigungen
5. Erhöhung des Volumens

413

Warum wird Wolle karbonisiert?

1. Um die Oberfläche glatter zu machen
2. Um die Wollware zu verfilzen
3. Um die Wollware von Oxidationsmitteln zu befreien
4. Um Pflanzenteile zu entfernen
5. Um die Wollwaren zu bleichen

414

Welche Eigenschaft erzielt man durch ein Hydrophobierverfahren?

1. Kräftiges, volles Warenbild
2. Weichen Warengriff
3. Wasserabstoßende Eigenschaften
4. Bessere Knittererholung
5. Weißeres Erscheinungsbild durch Lichtbrechung

415

Welches Verfahren gehört zur chemischen Appretur?

1. Karbonisieren
2. Hydrophobieren
3. Schmirgeln
4. Trocknen
5. Moirieren

416

Was zeigt dieses Bild?

1. Foulard
2. Klopfmaschine
3. Sengapparat
4. Imprägnierabteil
5. Bürstmaschine

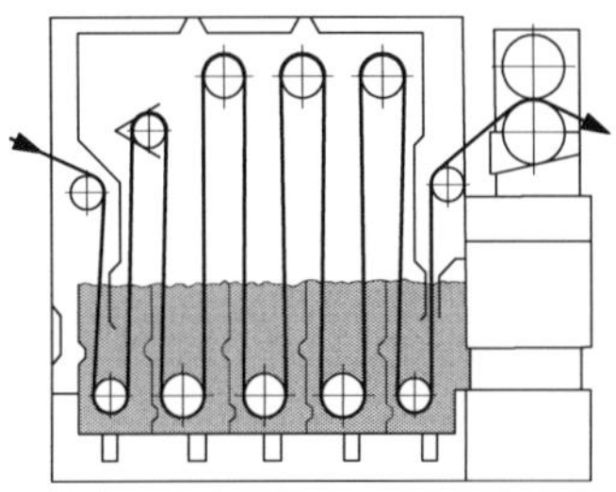

417

Wie lässt sich bei einem Foulard der Flotteninhalt im Tauchtrog verringern?

1. Durch die schräg steigende Anordnung der Abquetschwalzen
2. Durch die schräg fallende Anordnung der Abquetschwalzen
3. Durch Einbau eines Verdrängungskörpers
4. Durch Einsatz einer zusätzlichen Breitstreckwalze vor dem Abquetschspalt
5. Durch einen schnelleren Durchlauf der Ware

418

In welcher Antwort ist der Fehlerart beim Foulardieren die richtige Fehlerbehebung zugeordnet?

	Fehlerart	Fehlerbehebung
1	Ungleichmäßige Quetschwirkung	Walzen vor jeder Partie reinigen
2	Endenablauf	Druckluftanlage überprüfen und einstellen
3	Flecken auf der Ware	Druckverteilung überprüfen und vergleichmäßigen
4	Abdrücke in regelmäßigen Abständen	Auf notwendige Spannung achten
5	Quetschfalten	Neue Flotte ansetzen

419

Warum werden Kationentauscher im Wasserkreislauf eingesetzt?

1. Um Schwebstoffe und sonstige Verunreinigungen zu entfernen
2. Um die Härtebildner aus dem Wasser zu entfernen
3. Damit das Wasser danach eine saure Reaktion zeigt
4. Damit das Wasser Trinkwasserqualität erhält
5. Damit die metallischen Rohrleitungen nicht korrodieren

420

Welchen Gesamtwirkungsgrad η (in %) hat ein Antrieb, wenn $\eta_1 = 0{,}95$, $\eta_2 = 0{,}88$ und $\eta_3 = 0{,}84$ betragen?

(1) $\eta =$ 0,07 %

(2) $\eta =$ 0,70 %

(3) $\eta =$ 7,02 %

(4) $\eta =$ 70,22 %

(5) $\eta =$ 702,24 %

Nebenrechnung Aufgabe 420:

421

Eine Textilmaschine fährt in der Produktion mit einer Geschwindigkeit $v = 50$ m/min bei einem Wirkungsgrad von $\eta = 85$ %.
Welche Länge l (in m) des Textilguts wird in einer Zeit $t = 7{,}5$ h produziert?

(1) $l =$ 2 550 m

(2) $l =$ 19 125 m

(3) $l =$ 22 500 m

(4) $l =$ 26 470 m

(5) $l =$ 31 875 m

Nebenrechnung Aufgabe 421:

422

In einer Zeit von $t = 7$ h wurden $L = 15\,350$ m eines Artikels auf einem Spannrahmen mit $v = 45$ m/min getrocknet.
Welcher Nutzeffekt η (in %) wurde erreicht?

(1) $\eta =$ 16 %

(2) $\eta =$ 29 %

(3) $\eta =$ 57 %

(4) $\eta =$ 81 %

(5) $\eta =$ 143 %

Nebenrechnung Aufgabe 422:

423

Zum Bleichen einer Ware benötigt man 7 % einer Bleichchemikalie. Die Kosten hierfür betragen K_B = 1,95 EUR pro Kilogramm.
Wie hoch sind die Bleichmittelkosten K (in EUR) für eine Partie von m = 350 kg?

1. K = 6,83 EUR
2. K = 12,75 EUR
3. K = 24,50 EUR
4. K = 47,78 EUR
5. K = 68,25 EUR

Nebenrechnung Aufgabe 423:

424

Ein Spannrahmen mit 6 Feldern à 4 Meter läuft mit einer Geschwindigkeit von v = 30 m/min. Die Fixierung der Ware beginnt nach dem ersten Feld.
Wie lang ist die Fixierzeit t (in s)?

1. t = 36 s
2. t = 40 s
3. t = 90 s
4. t = 100 s
5. t = 120 s

Nebenrechnung Aufgabe 424:

425

Eine Kontinue-Anlage mit l = 150 m Wareninhalt läuft bei einem bestimmten Artikel mit v = 25 m/min.
Wie lang ist die Kontaktzeit t (in min)?

1. t = 6 min
2. t = 12 min
3. t = 18 min
4. t = 24 min
5. t = 30 min

Nebenrechnung Aufgabe 425:

U426

Nennen Sie sechs Vorbehandlungsverfahren.

Aufgabenlösung:

U427

Nennen Sie eine Art der Trocknung und beschreiben Sie diese.

Aufgabenlösung:

Trocknung	Beschreibung

U428

Nennen Sie drei Trockenveredelungsverfahren und beschreiben Sie eines davon.

Aufgabenlösung:

Trockenveredelung	Beschreibung

U429

Beschreiben Sie zwei wichtige Gründe für die Vorbehandlung von textilen Flächengebilden.

Aufgabenlösung:

U430

Beschreiben Sie die Wirkungsweise von optischen Aufhellern.

Aufgabenlösung:

U431

Nennen Sie zwei Waschaggregate oder -maschinen.

Aufgabenlösung:

U432

Erklären Sie die Begriffe Scheren, Walken und Kalandern.

Aufgabenlösung:

U433

Nennen Sie drei Möglichkeiten, durch die ein Kantenablauf beim Foulardieren auftreten kann.

Aufgabenlösung:

U434

Beschreiben Sie die Funktion und Arbeitsweise einer Gegenstrom-Waschanlage.

Aufgabenlösung:

U435

Nennen Sie einen Maschinentyp beim Walken und beschreiben Sie diesen.

Aufgabenlösung:

U436

Nennen Sie drei prozessentscheidende Parameter beim Mercerisieren.

Aufgabenlösung:

U437

Erklären Sie die Funktion eines Wärmetauschers.

Aufgabenlösung:

U438

Während einer 7,5-Std.-Schicht wurden L = 20 060 m auf einem Spannrahmen getrocknet.
Mit welcher durchschnittlichen Produktionsgeschwindigkeit v (in m/min) wurde gefahren?

Das Ergebnis ist mit zwei Stellen nach dem Komma anzugeben.

Aufgabenlösung:

U439

Welchen Gesamtwirkungsgrad η (in %) hat ein Antrieb, wenn η_1 = 0,92, η_2 = 0,87 und η_3 = 0,83 betragen?

Das Ergebnis ist mit zwei Stellen nach dem Komma anzugeben.

Aufgabenlösung:

440

Was ist ein Piktogramm?

1. Vereinfachte grafische Darstellung
2. Schnittzeichnung mit Einzelheiten
3. Wartungsplan mit Zeitangaben
4. Legebild bei Maschenwaren
5. Elektroplan von großen Anlagen

441

In welcher Form sind die Daten auf diesem Etikett dargestellt?

1. Als Hexagonalcode
2. Als Dezimalcode
3. Als Strichliste
4. Als Strichcode
5. Als Zahlencode

442

Welchen Vorteil haben codierte Labels bei der Stück- und Partiekennzeichnung?

1. Jeder Mitarbeiter weiß sofort, für welchen Kunden die Ware bestimmt ist
2. Die Behandlungszeiten der Ware reduzieren sich deutlich
3. Durch Codelesegeräte an den Maschinen ist die Warenverfolgung einfacher
4. Die einzelnen Stücke müssen nicht mehr zur Partie zusammengenäht werden
5. Es werden weniger Betriebs- und Hilfsmittel benötigt

443

Bei den Lagerbeständen unterscheidet man zwischen Höchst-, Melde- und Mindestbestand. Bei welchem Lagerbestand muss eine neue Bestellung ausgelöst werden, um immer ausreichend Material vorrätig zu haben?

1. Höchstbestand
2. Meldebestand
3. Mindestbestand
4. Melde- und Mindestbestand
5. Höchst- und Mindestbestand

444

Welche Kennfarbe hat eine Rohrleitung zum Transport von Wasser?

1. Blau
2. Grün
3. Gelb
4. Orange
5. Grau

445

Welche Aussage für den optimalen Materialfluss in einer Produktionslinie ist richtig?

1. Der Materialfluss ist umso besser, je mehr Pufferstellen vorhanden sind. Eine Verlangsamung der Produktion wird in Kauf genommen
2. Ein guter Materialfluss braucht große Lagerflächen, um immer eine ausreichende Menge an Material bereitstellen zu können
3. Um einen guten Materialfluss zu gewährleisten, muss immer die doppelte Menge des benötigten Materials zur Verfügung stehen
4. Der Materialfluss sollte immer ausreichende Mengen in den Produktionsablauf bereitstellen, wobei Lager- und Puffermengen möglichst gering sein sollten
5. Der optimale Materialfluss muss durch eine EDV geregelt werden, da ein Automatisierung immer schneller ist

446

Warum ist es wichtig, Warenbegleitpapiere für Produktpartien zu erstellen?

1. Damit immer genügend Rohware am Lager vorhanden ist
2. Damit ein rationeller Materialfluss gewährleistet ist
3. Damit Reparaturen an Maschinen entfallen können
4. Damit sichergestellt ist, dass alle Maschinen des Betriebs produzieren
5. Damit Überstunden rechtzeitig geplant werden können

447

Welche Angaben enthält ein auftragsneutraler Arbeitsplan?

1. Beschreibung der Arbeitsvorgänge und die benötigten Hilfs-/Betriebsmittel
2. Vorgabezeiten, Lohngruppen und eingesetzte Mitarbeiter
3. Einzelteile und Gruppen, aus denen ein bestimmter Auftrag besteht
4. Mengen und Beschreibungen der Einsatzstoffe
5. Verbrauch an Zutaten und Hilfsstoffen für einen Auftrag

448

Die Fehler eines Prozesses werden durch ein Diagramm dargestellt.
Welchen Fehleranteil in % hat der Fehler „X“?

1. 10 %
2. 15 %
3. 25 %
4. 50 %
5. 75 %

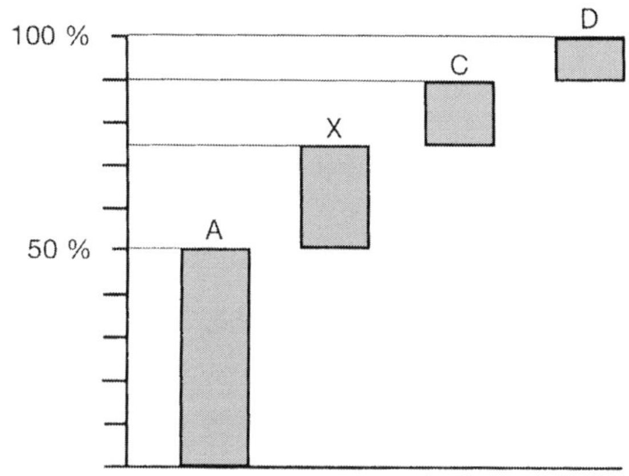

449

Die Diagramme zeigen den Wärmetausch im Gleich- und Gegenstromverfahren (Temperatur hier = ϑ).
Welche Aussage ist richtig?

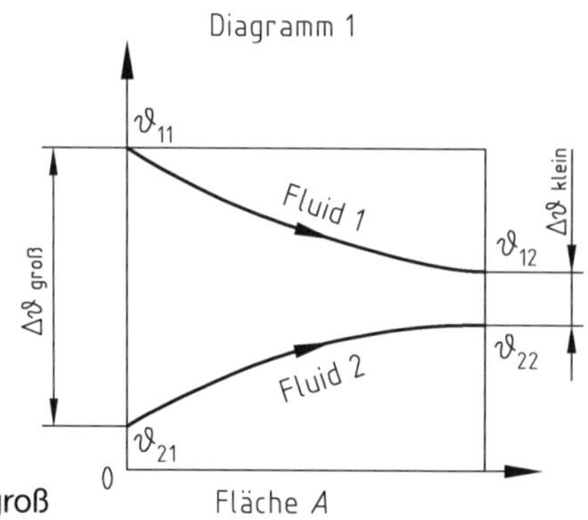

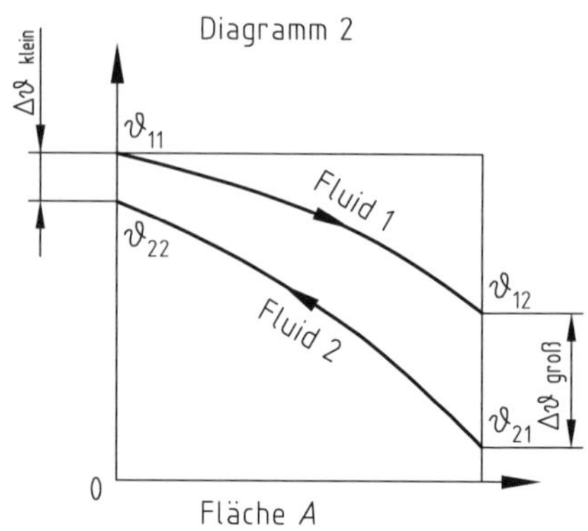

1. Beim Gleichstromverfahren ist die Endtemperatur des Fluids 2 niedriger als beim Gegenstromverfahren
2. Das Diagramm 1 zeigt das Gegenstromverfahren, Diagramm 2 zeigt das Gleichstromverfahren
3. Die Temperaturdifferenzen sind in beiden Fällen gleich groß
4. Die Endtemperaturen sind in beiden Fällen gleich groß
5. Die Bezeichnung ϑ_{12} steht für die Anfangstemperatur des Fluids 2

450

Welche Maschine ist schematisch dargestellt?

(1) Foulard

(2) Raumaschine

(3) Spannrahmen

(4) Rollkalander

(5) Warenschaumaschine

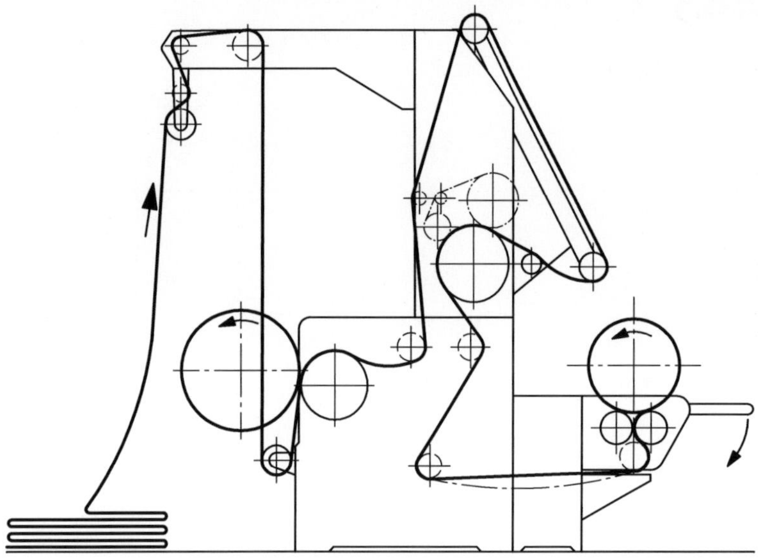

451

Die Skizze zeigt den Warenverlauf und den Flottenverlauf in einer Kontinue-Waschmaschine.
Welches Prinzip der Flottenführung ist dargestellt?

(1) Gleichstromprinzip

(2) Rückstromprinzip

(3) Gegenstromprinzip

(4) Induktionsstromprinzip

(5) Durchlaufstromprinzip

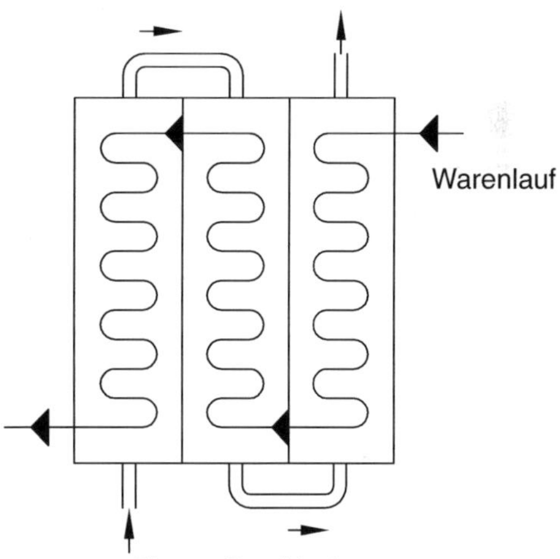

452

Die Skizze zeigt schematisch eine Rakel.
In welcher Zeile sind die Begriffe den Pos.-Nrn. richtig zugeordnet?

	Pos. -Nr. 1	Pos. -Nr. 2	Pos. -Nr. 3	Pos. -Nr. 4
(1)	Gummiwalze	Textile Fläche	Appreturmasse	Rakel
(2)	Rakel	Gummiwalze	Textile Fläche	Appreturmasse
(3)	Appreturmasse	Rakel	Textile Fläche	Gummiwalze
(4)	Gummiwalze	Appreturmasse	Rakel	Textile Fläche
(5)	Rakel	Appreturmasse	Textile Fläche	Gummiwalze

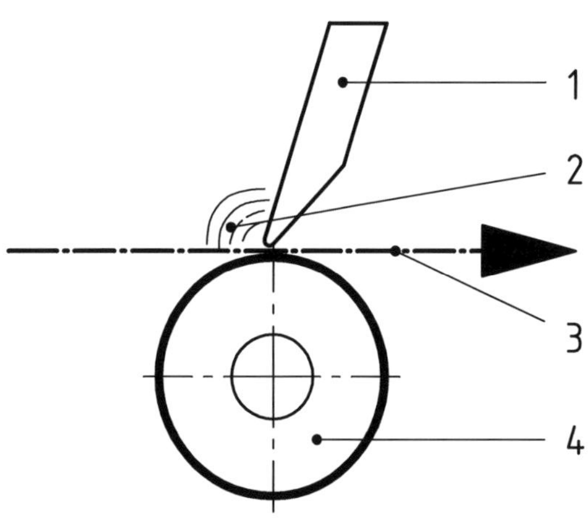

453

Welche Maschine ist dargestellt?

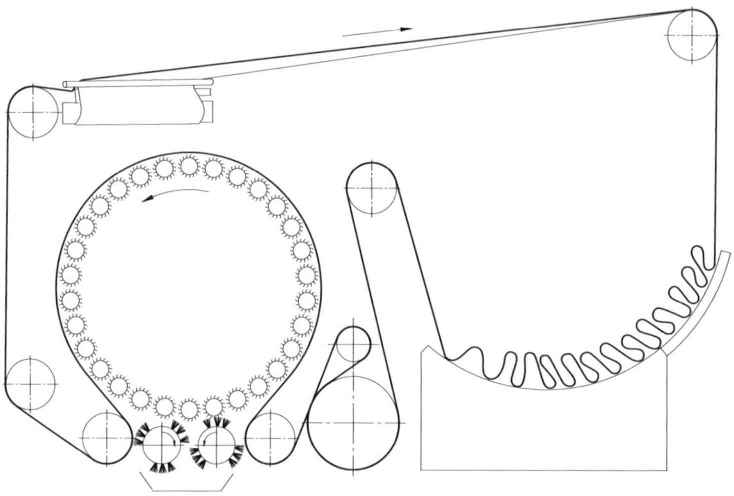

1. Kalander
2. Raumaschine
3. Foulard
4. Flyer
5. Webmaschine

454

Welche Veredelungseinrichtung ist schematisch dargestellt?

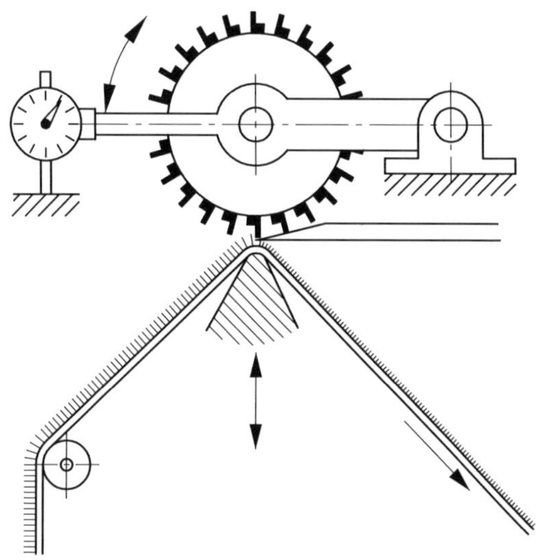

1. Velourshebemaschine
2. Dekatiermaschine
3. Rollkalander
4. Schermaschine
5. Hammerwalke

455

Welcher Wicklertyp ist durch die Skizze dargestellt?

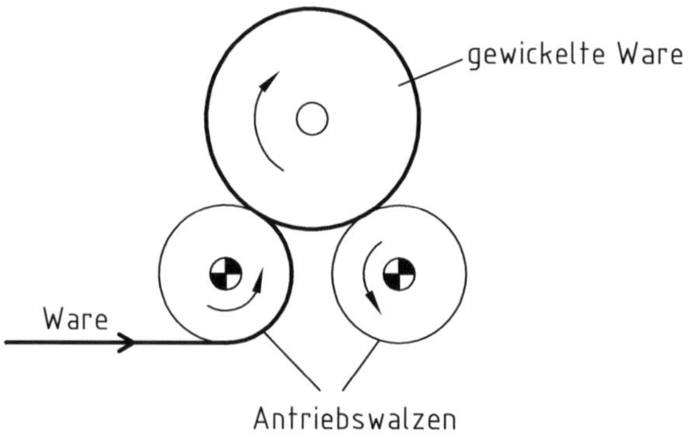

1. Steigdockenwickler
2. Tangentialwickler
3. Zentrums- bzw. Achskontaktwickler
4. Exponentenwickler
5. Sinuswickler

456

Ein Betrieb veredelt während eines Monats (20 Arbeitstage) 212,6 t Ware. Insgesamt werden dabei 42 860 m^3 Wasser verbraucht.
Welche durchschnittlichen Wasserkosten *K* (in EUR) für die Veredelung von 1 kg Ware fallen an, wenn 1 m^3 Wasser (inklusive Abwassergebühr) 4,65 EUR kostet?

(1) 0,48 EUR

(2) 0,94 EUR

(3) 1,50 EUR

(4) 4,65 EUR

(5) 9,37 EUR

Nebenrechnung Aufgabe 456:

457

5 Veredelungseinrichtungen benötigen insgesamt 30 Liter Veredelungsmittel in 7 Stunden.
Wie lange reichen 90 Liter für 7 Veredelungseinrichtungen?

(1) 2 h

(2) 5 h

(3) 6 h

(4) 15 h

(5) 18 h

Nebenrechnung Aufgabe 457:

458

12 Mitarbeiter benötigen für eine Arbeit 14 Tage.
Wie viele Mitarbeiter müssten eingesetzt werden, um die Arbeit 6 Tage früher fertigzustellen?

(1) 5 Mitarbeiter

(2) 7 Mitarbeiter

(3) 10 Mitarbeiter

(4) 21 Mitarbeiter

(5) 28 Mitarbeiter

Nebenrechnung Aufgabe 458:

459

Für die Montage eines neuen Spannrahmens werden 12 Monteure und eine Zeit von 18 Tagen vorgesehen. 3 Tage nach Beginn der Montage werden 3 Monteure abgezogen.
Um wie viele Tage verzögert sich die Montage?

(1) 5 Tage

(2) 9 Tage

(3) 12 Tage

(4) 15 Tage

(5) 20 Tage

Nebenrechnung Aufgabe 459:

460

Welche Masse m_1 (in kg) muss von einer 21%igen Säure zugegeben werden, wenn aus m = 35 kg einer 78%igen Säure eine Säure mit einer Konzentration von w = 45 % hergestellt werden soll?
(Ohne Berücksichtigung des Dichteunterschieds)

(1) m_1 = 14,737 kg

(2) m_1 = 20,263 kg

(3) m_1 = 25,455 kg

(4) m_1 = 48,125 kg

(5) m_1 = 83,125 kg

Nebenrechnung Aufgabe 460:

461

Von einer 18%igen Essigsäure werden m_1 = 8 kg benötigt. Welche Masse m (in kg) Essigsäure 60%ig und wie viel Liter Wasser müssen dazu miteinander vermischt werden?
(Ohne Berücksichtigung des Dichteunterschieds)

(1) m = 2,4 kg 60%ige Essigsäure und 5,6 Liter Wasser

(2) m = 5,6 kg 60%ige Essigsäure und 2,4 Liter Wasser

(3) m = 2,8 kg 60%ige Essigsäure und 5,2 Liter Wasser

(4) m = 3,4 kg 60%ige Essigsäure und 4,6 Liter Wasser

(5) m = 5,2 kg 60%ige Essigsäure und 2,8 Liter Wasser

Nebenrechnung Aufgabe 461:

U462

Die entschlichteten textilen Flächengebilde werden „just-in-time“ an einen Kunden geliefert, der diese ausrüstet.

1. Was versteht man unter „just-in-time“?
2. Nennen Sie zwei Vorteile von „just-in-time“.

Aufgabenlösung:

U463

Nennen Sie fünf Angaben, die bei einer Anlagenstörung dokumentiert werden müssen.

Aufgabenlösung:

U464

Nennen Sie drei Faktoren, auf die bei der innerbetrieblichen Logistik geachtet werden muss.

Aufgabenlösung:

U465

Beschreiben Sie zwei Aufgaben, die Fördersysteme innerhalb des betrieblichen Ablaufs haben.

Aufgabenlösung:

U466

Bei der Endkontrolle im Verlauf einer Woche wurden folgende Fehler festgestellt:

Montag:	2-mal:	Rakelstreifen
	1-mal:	Reservierungen
Dienstag	1-mal:	Reservierungen
Mittwoch	1-mal:	Schlieren
	1-mal:	Durchschlagen der Beschichtung
Donnerstag	2-mal:	Schlieren
	1-mal:	Durchschlagen der Beschichtung
Freitag	3-mal:	Rakelstreifen
	1-mal:	Reservierungen

Beschriften Sie die Achsen, ermitteln Sie die prozentuale Häufigkeit der Fehlerarten und erstellen Sie für die in dieser Woche aufgetretenen Fehler ein Liniendiagramm.

Aufgabenlösung:

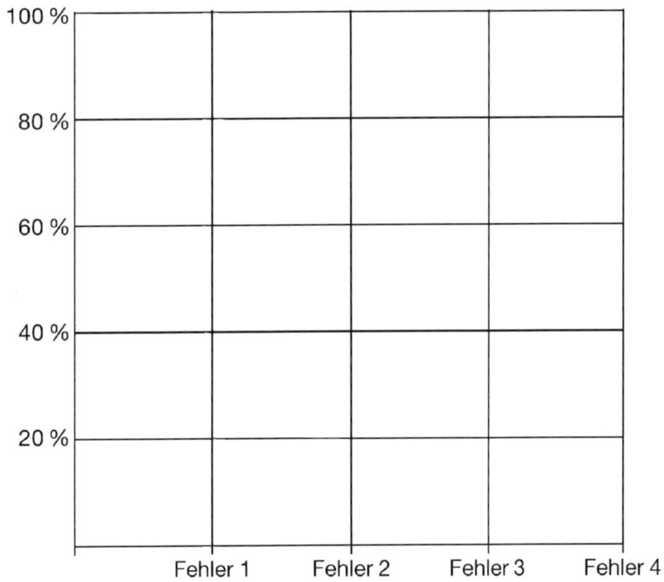

U467

Skizzieren Sie in Form eines Piktogramms einen kontinuierlichen Veredelungsablauf.

Aufgabenlösung:

U468

Skizzieren Sie einen Foulard inklusive Warenlauf und benennen Sie die wichtigsten Bauteile.

Aufgabenlösung:

U469

Skizzieren Sie folgenden Veredelungsvorgang:

Foulard, Dämpfer, Breitwaschanlage

Aufgabenlösung:

U470

Eine textile Fläche schrumpft bei der Veredelung in der Längsrichtung um 7 %.
Welche Länge L (in m) weist eine Partie mit einer Rohlänge von L_{roh} = 4 500 m nach der Veredelung auf?

Das Ergebnis ist ganzzahlig anzugeben.

Aufgabenlösung:

U471

Auf einer Ware befinden sich m_w = 1,16 t Wasser. Der Wassergehalt der Ware beträgt 58 %.
Welche Masse m (in kg) hat die nasse Ware?

Das Ergebnis ist ganzzahlig anzugeben.

Aufgabenlösung:

Lösungsschlüssel für die gebundenen Aufgaben
Lösungsvorschläge für die ungebundenen Aufgaben

PAL-Prüfungsbuch · Maschinen- und Anlagenführer/-in Textiltechnik/Textilveredelung

Zur Beachtung:
Bei der Verwendung der Testaufgaben aus den PAL-Prüfungsaufgaben innerhalb der betrieblichen und der schulischen Lehrstoffvermittlung muss der Lehrende entscheiden, ob der heraustrennbare Lösungsschlüssel dem Auszubildenden zugänglich gemacht werden soll oder nicht.

Aufgaben Nr.	richtig ist
001	**5**
002	2
003	2
004	3
005	4
006	2
007	2
008	4
009	3
010	4
011	2
012	3
013	4
014	1
015	2
016	5
017	2
018	1
019	2
020	5
021	1
022	2
023	4
033	**3**
034	1
035	5
036	5
037	1
038	3
039	4
040	4
041	3
042	1
043	4
044	2
048	**2**
049	4
050	3
051	3
052	4
053	1
054	3
055	5
056	4
057	3
058	3
059	1
060	4
061	2
062	4
063	1
064	5
065	2

Aufgaben Nr.	richtig ist
066	3
067	2
068	4
069	4
070	3
071	5
072	4
073	2
074	3
075	3
082	**2**
083	3
084	2
085	4
086	2
087	4
088	4
089	1
090	2
091	4
092	5
093	3
094	4
095	3
096	1
097	2
098	4
099	2
100	5
101	3
102	3
103	4
104	2
105	3
106	3
107	4
108	4
109	3
117	**3**
118	5
119	4
120	3
121	1
122	5
123	2
124	3
125	3
126	4
127	2
128	4
129	2
130	3
131	5

Aufgaben Nr.	richtig ist
132	1
133	2
134	3
135	3
136	2
137	4
138	2
139	2
140	4
141	2
142	3
150	**2**
151	5
152	2
153	1
154	3
155	4
156	2
157	3
158	4
159	4
160	2
161	5
162	2
163	4
164	1
165	3
166	4
167	3
168	5
169	5

Aufgaben Nr.	richtig ist
176	**5**
177	1
178	4
179	5
180	1
181	3
182	2
183	3
184	1
185	5
186	5
187	1
188	2
189	3
190	2
191	4
192	1
193	3
194	4
195	2
196	1
197	4
198	3
199	2
200	1
201	2
202	3
203	2
204	4
205	5
206	2
207	2
208	4
209	2
210	1
211	5
212	3
213	4
214	4
215	2
216	2
217	4
218	5
219	2
220	4
221	4
222	2
223	4
224	2
225	2
226	3

Aufgaben Nr.	richtig ist
227	**1**
228	1
229	2
230	4
231	2
232	2
233	5
234	1
235	5
236	3
237	1
238	4
239	1
240	2
241	4
242	3
243	3
244	5
245	1
246	3
247	2
248	3
249	2
250	5
251	3
252	4
253	3
254	1
255	2
256	2
257	4
258	4
259	4
260	2
261	3
262	2
263	3
276	**1**
277	2
278	2
279	2
280	3
281	3
282	2
283	5
284	2
285	5
286	1
287	5
288	4
289	3
290	2
291	4
292	1

Aufgaben Nr.	richtig ist
293	2
294	5
295	5
296	3
297	2
298	1
299	4
300	4
301	2
302	1
303	2
304	3
305	4
306	3
307	4
308	2
309	4
310	4
311	3
312	1
313	1
314	1
315	3
316	1
329	**3**
330	4
331	2
332	5
333	2
334	4
335	1
336	4
337	5
338	2
339	4
340	1
341	3
342	2
343	5
344	2
345	4
346	3
347	4
348	2
349	5
350	1
351	3
352	2

Aufgaben Nr.	richtig ist
360	**3**
361	2
362	2
363	1
364	4
365	2
366	4
367	1
368	2
369	3
370	4
371	2
372	1
373	2
374	4
375	2
376	1
377	1
378	2
379	5
380	1
381	3
382	1
383	3
384	4
385	5
386	3
387	3
388	5
396	**2**
397	1
398	3
399	5
400	2
401	1
402	3
403	5
404	5
405	1
406	1
407	4
408	3
409	3
410	2
411	1
412	3
413	4
414	3
415	2
416	4
417	3
418	2
419	2
420	4

Aufgaben Nr.	richtig ist
421	2
422	4
423	4
424	2
425	1
440	**1**
441	4
442	3
443	2
444	2
445	4
446	2
447	1
448	3
449	1
450	5
451	3
452	5
453	2
454	4
455	1
456	2
457	4
458	4
459	1
460	4
461	1

U24

- Beeinträchtigung der Wahrnehmung
- Nachlassende Konzentration
- Nachlassende Aufmerksamkeit
- Schnelleres Ermüden
- Zunehmende Reizbarkeit
- Zunehmende Nervosität
- Verringerung der Reaktionsfähigkeit
- Erhöhung der Fehlerquote

U25

1. - Kapselung der Maschine oder Anlage
   - Schallschutzschirme
   - Schwingungsdämpfung
2. - Gehörschutzstöpsel
   - Gehörschutzmuscheln

U26

Farbe	Bedeutung
Rot	Halt, Verbot, Brandschutz
Gelb	Vorsicht, mögliche Gefahr
Grün	Gefahrlosigkeit, Erste Hilfe
Blau	Gebotszeichen, Hinweise

U27

- Muss gut sichtbar sein
- Muss eindeutig erkennbar sein (Rot auf gelbem Grund)
- Muss leicht erreichbar sein (bei langen, großen Anlagen müssen mehrere angebracht sein)
- Muss „selbsteinrastend“ ausgeführt sein
- Muss den Antrieb vom Stromkreis trennen

U28

Rohrleitung für	Kennfarbe
Wasser	Grün
Wasserdampf	Rot
Druckluft	Grau
Laugen	Violett
Sauerstoff	Blau

U29

Emission: Aussendung von Schadstoffen, Lärm und Strahlung

Immission: Folge einer Emission, Einwirkung von Schadstoffen, Lärm und Strahlung auf die Umwelt

U30

Rückgewinnung von Rohstoffen aus Reststoffen bzw. Verwertung der Reststoffe

Lösungsvorschläge für die ungebundenen Aufgaben

U31

- Überflüssiger Verpackungsmüll
- Ungenügendes Trennen des anfallenden Mülls
- Chemikalien im Abwasser
- Giftige Abgase
- Unausgelastete Transporte
- Falsche Altölentsorgung
- Nicht regelmäßig gereinigte Filteranlagen

U32

Abfallart	Ziffer
Altpapier	1
Chemikalienabfälle	3
Kunststoffabfälle	2
Restmüll	4

U45

Qualität ist der Grad der Übereinstimmung der Kundenwünsche und Anforderungen mit den Produkteigenschaften.

U46

- Genaue Bezeichnung des Prüfobjekts
- Zu verwendende Prüfmittel
- Prüfmethode (Arbeitsschritte)
- Prüfmodus (Prüfzeit, Prüfort, Anzahl der zu prüfenden Produkte)
- Protokollierung der Messgrößen
- Verantwortlichkeiten für Erstellung
- Verantwortlichkeiten für Freigabe
- Name/Kürzel des Durchführenden
- Unterschrift, Datum, Uhrzeit

U47

- Mensch
- Maschine
- Material
- Milieu (Mitwelt, Umwelt)
- Messbarkeit
- Methode
- Management

U76

(1) Breite Volllinie
- sichtbare Kanten/Umrisse
- Hauptdarstellung in Diagrammen
- Gewindespitzen/Grenzen der nutzbaren Gewindelänge

(2) Schmale Strichlinie
- unsichtbare Kanten/Umrisse

(3) Schmale Strichpunktlinie
- Mittellinien
- Teilkreise
- Symmetrielinien

(4) Freihandlinie
- Begrenzung von Teil- oder unterbrochenen Ansichten (manuell)

(5) Schmale Volllinie
- Maß- und Maßhilfslinien
- Hinweis- und Bezugslinien
- Schraffuren
- Lichtkanten

U77

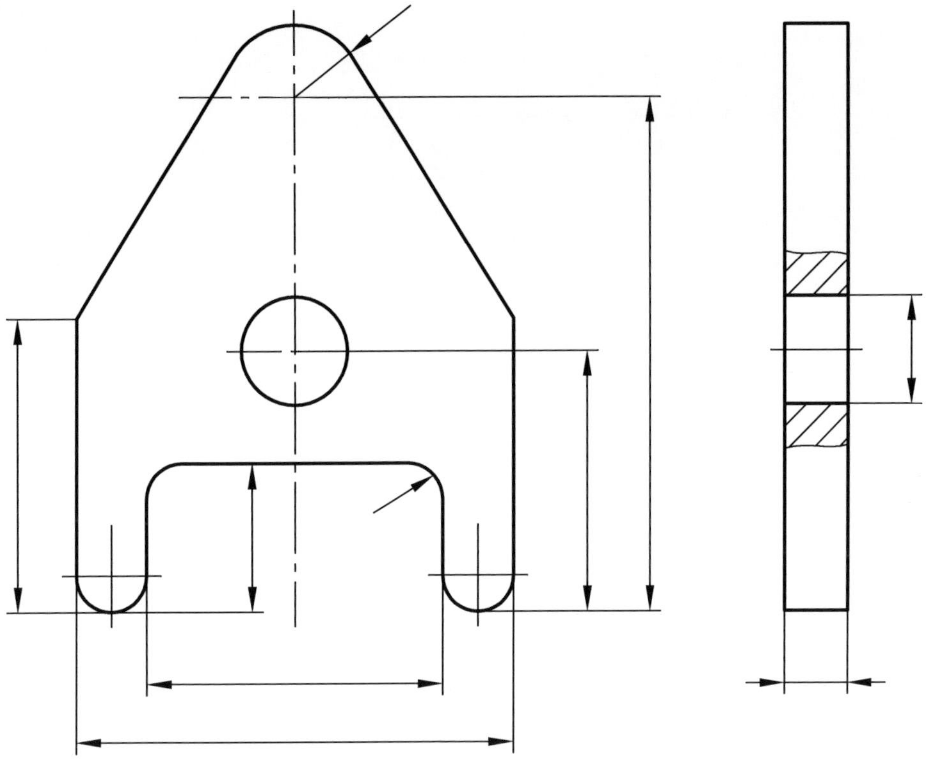

U78

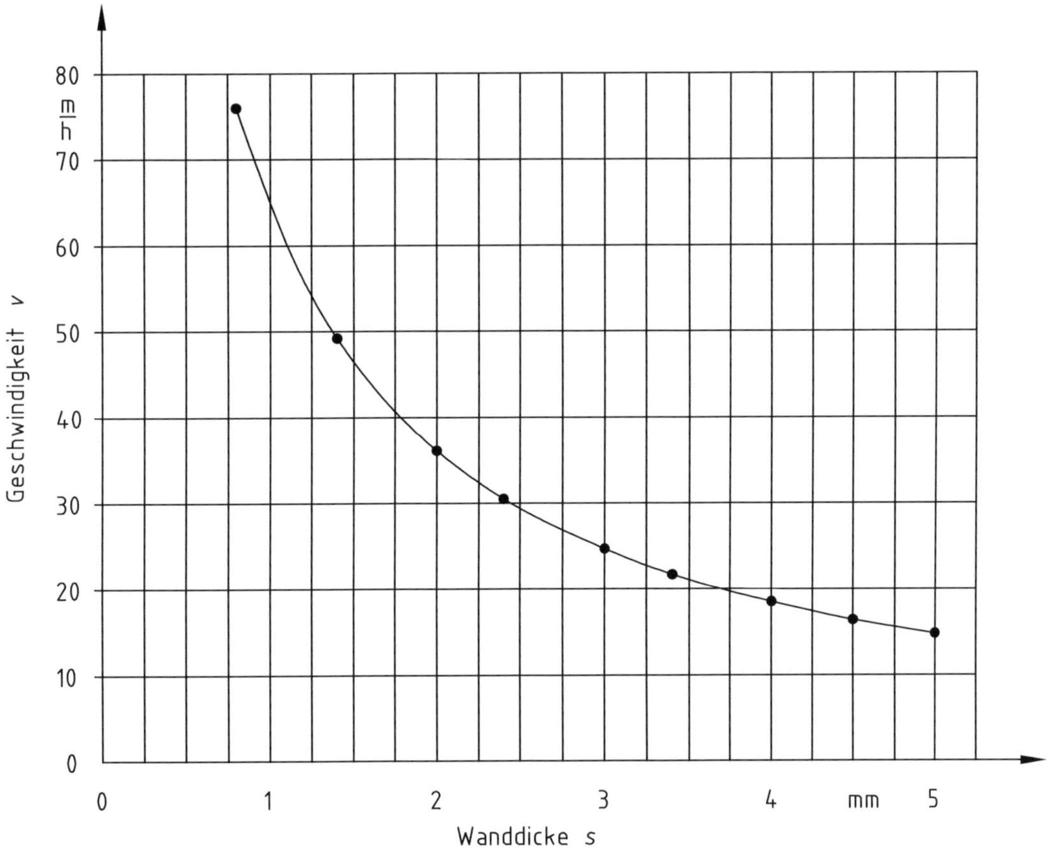
80
70
60
50
40
30
20
10
0
m/h
Geschwindigkeit v
0
1
2
3
4
mm
5
Wanddicke s

Lösungsvorschläge für die ungebundenen Aufgaben

U79

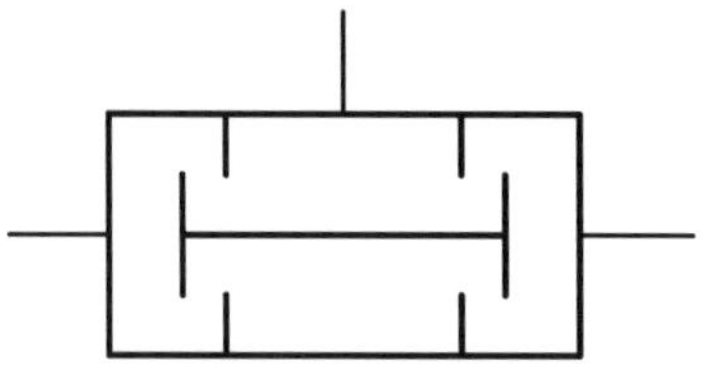

UND-Funktion
Zweidruckventil

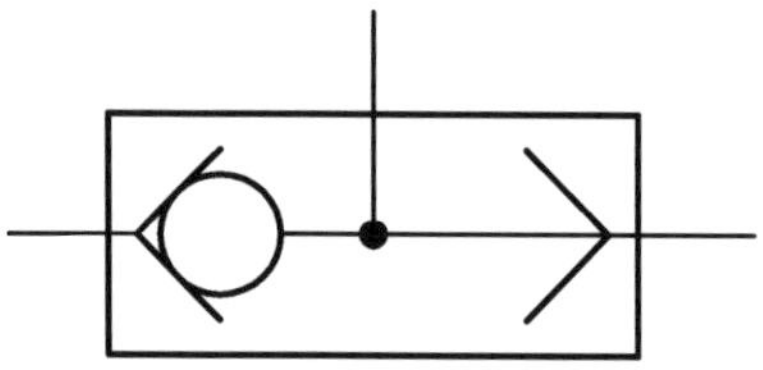

ODER-Funktion
Wechselventil

U80

$L = l_1 + l_2 + l_3$
$L = 110\ mm + 125{,}66\ mm + 240\ mm$
$\underline{\underline{L = 475{,}66\ mm}}$

$l_2 = R \cdot \pi$
$l_2 = 40\ mm \cdot \pi$
$l_2 = 125{,}66\ mm$

U81

$$A = \frac{l_1 + l_2}{2} \cdot h$$

$$A = \frac{5{,}5\ cm + 8{,}5\ cm}{2} \cdot 6{,}0\ cm$$

$$\underline{\underline{A = 42\ cm^2}}$$

U110

Leichtmetalle:
- Aluminium
- Barium
- Beryllium
- Calcium
- Cäsium
- Kalium
- Lithium
- Magnesium
- Natrium
- Strontium
- Titan

Schwermetalle:
- Blei
- Cadmium
- Chrom
- Cobald
- Eisen
- Gold
- Kupfer
- Quecksilber
- Mangan
- Molybdän
- Nickel
- Platin
- Silber
- Vanadium
- Wolfram
- Zink
- Zinn

U111

Vorteile:
- Leichtere Bearbeitbarkeit
- Kleinere Masse (Dichte)
- Leichtere thermische Formbarkeit
- Korrosionsbeständig

Nachteile:
- Geringere Temperaturbeständigkeit
- Kleinere Druckfestigkeit
- Geringere Härte
- Geringere Beständigkeit gegen Abrieb

U112

Name	Abkürzung
Acrylnitril-Butadien-Styrol	ABS
Acrylnitril-Styrol-Acrylat	ASA
Celluloseacetat	CA
Epoxid-Harz	EP
Polyamid	PA
Polycarbonat	PC
Polyethylen	PE
Polyethylenterephthalat	PET
Polymethylmethacrylat	PMMA
Polyurethan	PUR
Polypropylen	PP
Polystyrol	PS
Polyvinylchlorid	PVC
Styrol-Acrylnitril	SAN
Styrol-Butadien	SB
Polytetrafluorethylen	PTFE
Silikon	Si

U113

Die in Variante 1 dargestellte Verbindung ist die bessere, weil bei der in Variante 2 dargestellten Verbindung am Bolzenkopf Kontaktkorrosion auftreten kann.

U114

Kriterien	**Gleitlager**	**Wälzlager**
Reibung beim Anlauf	Groß bei Trocken- und Mischreibung, gering bei Flüssigkeitsreibung	Gering
Laufgeräusche	Gering	Groß
Schmierstoff-verbrauch	Groß	Gering
Austauschbarkeit	Aufwendig	Einfach
Lebensdauer	Bei Flüssigkeitsreibung unbegrenzt sonst je nach Beanspruchung	Durch Materialermüdung begrenzt

U115

$$K_{ges} = \frac{9 \cdot K}{3}$$

$$K_{ges} = \frac{9 \cdot 148,-\text{ EUR}}{3}$$

$$\underline{\underline{K_{ges} = 444,-\text{ EUR}}}$$

U116

$$m = \frac{V \cdot m_p}{V_p} \qquad V_p = 0,5\text{ dm}^3$$

$$m = \frac{250\text{ m}^3 \cdot 18,2\text{ mg} \cdot 1\,000\text{ dm}^3 \cdot 1\text{ kg}}{0,5\text{ dm}^3 \cdot 1\text{ m}^3 \cdot 1\,000\,000\text{ mg}}$$

$$\underline{\underline{m = 9,1\text{ kg}}}$$

Lösungsvorschläge für die ungebundenen Aufgaben

U143

Subjektives Prüfen und objektives Prüfen

U144

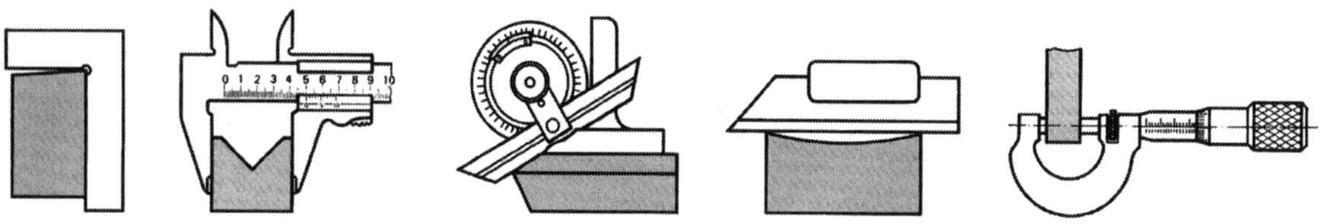

Lehren | Messen | Messen | Lehren | Messen

U145

- Messschieber
- Bügelmessschraube
- Grenzrachenlehre
- Formlehre
- Partnerwerkstück (Muster)
- Optischer Messkopf
- Berührender Messkopf
- Messuhr

U146

1. **Eichen** ist die Prüfung der Waage auf Einhaltung der Eichfehlergrenzen. (Eichungen werden von den Landeseichämtern und staatlich anerkannten Prüfstellen durchgeführt.)
2. **Kalibrieren** ist ein Prozess zur Ermittlung und Dokumentation der Abweichung der durch Wägung festgestellten Masse von der angegebenen Masse eines Prüfmassenstücks.
3. **Justieren** ist das exakte Einstellen der Waage nach einem Kalibriervorgang durch einen Eingriff in das Justiersystem der Waage.

U147

- Einfaches Ablesen
- Keine Fehler durch Parallaxe
- Möglichkeiten der Fernübertragung und Speicherung von Messwerten
- Leichte Handhabung beim Zustellen von kleinen Maßen (Hundertstel, Zehntel etc.)

U148

70 dL	= 7,00 L
+ 1,24 L	= 1,24 L
+ 320 cm^3	= 0,32 L
+ 600 mL	= 0,60 L
+ 620 cL	= 6,20 L
	15,36 L

U149

1. Höchstmaß: 20 mm + 0,2 mm = 20,2 mm
   Mindestmaß: 20 mm – 0,1 mm = 19,9 mm
   Toleranz: 0,2 mm + 0,1 mm = 0,3 mm
2. Höchstmaß: 38 mm – 0,3 mm = 37,7 mm
   Mindestmaß: 38 mm – 0,5 mm = 37,5 mm
   Toleranz: 0,5 mm – 0,3 mm = 0,2 mm

U170

Die vorbeugende Instandhaltung erfolgt bei den in regelmäßigen Zeitabständen ausgeführten Wartungsarbeiten. Verschleißteile haben eine durch Erfahrung zu erwartende Lebensdauer. Vor deren Ablauf werden sie ausgewechselt. Stillstandzeiten durch Anlagenausfälle werden durch die vorbeugende Instandhaltung deutlich reduziert.

U171

- Unter Wartung versteht man Maßnahmen zur Bewahrung des Sollzustands
- Unter Inspektion versteht man Maßnahmen zur Beurteilung des Istzustands
- Unter Instandsetzung versteht man Maßnahmen zur Wiederherstellung des Sollzustands
- Unter Verbesserung versteht man Maßnahmen zur Steigerung der Funktionssicherheit, ohne die Funktion zu ändern

U172

- Wiederkehrende Fehler können schneller gefunden werden und evtl. durch Maßnahmen zukünftig vermieden werden
- Durch die Dokumentation sind Fehler besser nachvollziehbar
- Vorbeugende Instandhaltung wird möglich durch die Analyse des Störungsbuchs

U173

- Maul- oder Ringschlüssel: zur Montage oder Demontage von Sechskantmuttern und -schrauben
- Steckschlüssel: zum Lösen schwer zugänglicher Sechskantschrauben
- Innensechskant-Schraubendreher: zum An- oder Nachziehen von Zylinderschrauben mit Innensechskant
- Hakenschlüssel: zum Kontern einer Nutmutter
- Kreuzschlitzschraubendreher: zum Lösen oder Anziehen von Senkschrauben mit Kreuzschlitz
- Rohrzange: zum Lösen von Verschraubungen
- Kombizange: zum Herausziehen eines Splints

U174

- Alle vier Riemen wechseln
- Richtige Keilriemengröße wählen
- Richtige Vorspannung wählen
- Keine Öle, Fette oder Flüssigkeiten an Riemen oder Riemenscheibe bringen

U175

- Minderung der Reibung
- Dämpfung von Stößen
- Korrosionsschutz
- Wärmeabfuhr
- Abfuhr von Abrieb

U264

Beim Webvorgang entsteht die textile Fläche, indem zwei Fadensysteme im rechten Winkel zueinander und über- und untereinander verkreuzt werden.

U265

1. – Nass-Spinnverfahren
   – Trocken-Spinnverfahren
   – Schmelz-Spinnverfahren
2. **Nass-Spinnverfahren:** Methode der Herstellung von Chemiefasern, bei der eine Spinnlösung durch die Löcher von Düsen in ein Fällbad gepresst wird, in dem sich die Fasersubstanz durch Herauslösen und Zurückbilden der festen Bestandteile durch Koagulation in Fadenform verfestigt.
   Trocken-Spinnverfahren: Methode zur Herstellung von Chemiefasern, bei der die in flüchtigen Lösemitteln gelöste Spinnmasse durch Düsen in einen beheizten, in Gegenrichtung mit Heißluft durchströmten Spinnschacht extrudiert wird. Das Lösungsmittel verdampft, die Spinnmasse erhärtet meist unter Verstrecken.
   Schmelz-Spinnverfahren: Einfaches und rationelles Spinnverfahren zur Herstellung von Synthetics, deren Ausgangsstoffe durch Schmelzen unter Luftabschluss verspinnbar gemacht werden können. Die Spinnschmelze wird bei Temperaturen, die je nach Faserart 30–60 °C über dem Schmelzpunkt liegen, durch die Düsen gepresst und zu Filamenten geformt. Der noch während des Erkaltens einsetzende Spinnverzug (Verstrecken) verfeinert den Durchmesser um ein Vielfaches. Nach Durchlaufen von Abkühlungsschächten werden die Filamente zu Fäden oder zu Kabeln gebündelt und abgezogen.
3. – Nass-Spinnverfahren
     – Viskose
     – Cupro
     – Triacetat
     – Polyacrylfasern
   – Trocken-Spinnverfahren
     – Acetat
     – Polyacrylfasern
     – Triacetat
   – Schmelz-Spinnverfahren
     – Polyester
     – Polyamid
     – Polypropylen
     – Polyethylen

U266

Zellulosische Chemiefasern verwenden als Grundstoff Zellulose, die aus Holz gewonnen wird.
Synthetische Chemiefasern verwenden als Grundstoff meist Erdöl, welches chemisch umgewandelt wird.

U267

Ausgangsstoff zur Erspinnung von Chemiefasern. Sie werden als Spinnlösung oder Spinnschmelze verarbeitet.

U268

– Nehmen kaum Feuchtigkeit auf
– Haben eine gute Festigkeit
– Sind elastisch
– Knittern kaum
– Verrotten kaum
– Haben eine gute biologische Beständigkeit
– Sind thermoplastisch
– Sind thermofixierbar
– Sind texturierbar
– Sind pflegeleicht

U269

Erweichungsbereich:
Liegt unter dem Schmelzpunkt von Synthetics zwischen dem Beginn der Plastizität und dem effektiven Erweichen, innerhalb dessen die Faser thermoplastisch verformbar ist.

Schmelzbereich:
Ist die Temperaturspanne, in der die kristallinen Bereiche von Polymeren oder von Faserstrukturen aufschmelzen und in den flüssigen Zustand übergehen. Er liegt über dem Erweichungsbereich.

U270

- Gleichmäßiger
- Höhere Festigkeit

U271

Bei der Bildung einer Maschenreihe werden bei der Strickware, im Unterschied zur Wirkware, die Maschen in aufeinanderfolgenden einzelnen Arbeitsgängen jeder strickenden Nadel gebildet, sodass eine Masche nach der anderen entsteht.

U272

1. Nummernteil: Bindungsart
   Die Verschlüsselung der Bindungsart wird mit zwei Ziffern ausgedrückt. Die erste gibt an, um welche Bindung es sich handelt. Die zweite Ziffer des ersten Nummernteils (Bindungsart) zeigt, ob mit einer Kettensenkung (= 1) oder -hebung (= 0) begonnen werden muss.
2. Nummernteil: Ketthebungen – Kettsenkungen
   Die Ketthebungen und -senkungen werden mit je einer zweistelligen Zahl verschlüsselt. Angegeben ist die Anzahl der sich ständig abwechselnden Ketthebungen und -senkungen (bzw. umgekehrt) bis zum neuen Rapport. Die Zählung beginnt links unten im Bindungsrapport. Die Summe dieses Nummernteils gibt die Höhe des Rapports an.
3. Nummernteil: Fädigkeit
   Der Schlüssel für die Fädigkeit gibt in einer zweistelligen Zahl an, wie viele gleich bindende Kettfäden nebeneinander liegen.
4. Nummernteil: Versatzzahl
   Die Versatzzahl, in zwei Ziffern verschlüsselt, gibt an, um wie viele Schussfäden die Ketthebungen und -senkungen in der folgenden Reihe(ngruppe) von Kettfaden(gruppe) zu Kettfaden(gruppe) versetzt sind, immer in Richtung von links unten nach rechts oben hin betrachtet.

U273

1. Anfühlprobe
2. Brennprobe
3. Löslichkeitsprobe

U274

$$1\,\text{dtex} = \frac{1\,\text{g}}{10\,000\,\text{m}}$$

$$\Rightarrow L = \frac{m}{Tt \cdot Anz._{\text{Fäden}}}$$

$$L = \frac{115\,\text{kg} \cdot 10\,000\,\text{m} \cdot 1\,000\,\text{g}}{82\,\text{g} \cdot 1\,\text{kg} \cdot 1\,200}$$

$$\underline{\underline{L = 11\,687\,\text{m}}}$$

U275

$$m' = \frac{m}{L} \qquad m'' = \frac{m}{L \cdot b}$$

$$m' = \frac{27\ \text{kg} \cdot 1\,000\ \text{g}}{90 \cdot 1\ \text{kg}} \qquad m'' = \frac{27\ \text{kg} \cdot 1\,000\ \text{g} \cdot 100\ \text{cm}}{90 \cdot 140\ \text{cm} \cdot 1\ \text{kg} \cdot 1\ \text{m}}$$

$$\underline{\underline{m' = 300\ \text{g/m}}} \qquad \underline{\underline{m'' = 214\ \text{g/m}^2}}$$

U317

Durch Strecken wird ein Faserband vergleichmäßigt, d. h. Dick- und Dünnstellen werden ausgeglichen. Dabei läuft das Faserband durch mindestens zwei Walzenpaare (Streckwerk), von denen das zweite schneller läuft als die Einzugswalzen und somit die Fasern verziehen.

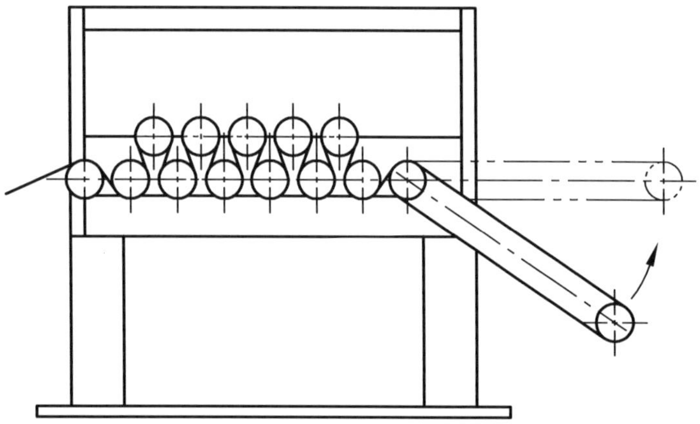

U318

- Ballen öffnen
- Ausscheiden von Störpartikeln
- Entstauben
- Auflösen der Faserflocken
- Vergleichmäßigen des Rohstoffs
- Mischen verschiedener Rohstoffe

U319

- Gleichbleibende Qualität des Garns
- Verringerung von Ungleichmäßigkeiten von Ballen
- Wirtschaftliche Verarbeitung
- Zumischung von Kämmlingen oder Ähnlichem
- Beeinflussung der Eigenschaften des Garns
- Verringerung der Rohstoffkosten

U320

- Ausreinigen von Störpartikeln und Kurzfasern
- Auflösen der Flocken bis zur Einzelfaser
- Parallelisierung der Fasern
- Durchmischen
- Verstrecken
- Band bilden
- Bandablage

U321

Zetteln:
Beim Zetteln wird ein Bruchteil der Fadenzahl über die gesamte Kettbreite auf einen Zettelbaum gewickelt. Mehrere Zettelbäume werden anschließend auf einen Kettbaum umgespult.

Schären:
Beim Schärprozess werden schmale Schärbänder mit der geforderten Fadendichte und der gewünschten Länge auf eine Schärtrommel nebeneinander gewickelt. Ein Konus verhindert das Abrutschen der einzelnen Schärbänder. Auf diese Weise werden so viele Bänder nebeneinander abgelegt, bis die gewünschte Breite erreicht ist. Im Anschluss an das Schären wird die Kette von der Schärtrommel auf einen Kettbaum umgebäumt.

U322

Kulierwirk- und Kettenwirkprozess
Beim Kulierwirkprozess werden die Nadeln gemeinsam bewegt. Den Nadeln wird ein Faden vorgelegt. Um zu vermeiden, dass der gestreckte Faden bei der gemeinsamen Nadelbewegung reißt, weil er der Dehnung nicht standhält, muss der Faden zuvor zu Schleifen ausgeformt, d. h. kuliert werden.

Beim Kettenwirkprozess werden die Nadeln gemeinsam bewegt. Jeder Nadel wird ein eigener Faden vorgelegt, d. h. beim Kettenwirkprozess wird mit einer Fadenschar (Kettfaden-Vorlage) gearbeitet, die mithilfe von Legeschienen den Nadeln vorgelegt wird.

U323

Strickprozess: einzeln bewegte Nadeln
Wirkprozess: gemeinsam bewegte Nadeln

U324

Musterung	Realisierung
Henkel	Fangposition der Nadel (die Nadel wird nur so weit ausgetrieben, dass der Faden nicht über die Zunge auf den Schaft gleitet)
Flottung	Nicht-Stricken-Position der Nadeln (Nadel wird nicht ausgetrieben)
Schräg liegende Maschen	Nadelbettenversatz Umhängen von Maschenschleifen innerhalb eines Nadelbetts
Lochmuster	Umhängen von Maschenschleifen innerhalb eines Nadelbetts
Rechte und linke Maschen	Linke Maschen werden auf dem hinteren Nadelbett gebildet, rechte Maschen auf dem vorderen Nadelbett
Farbige Muster	Vorlegen verschiedenfarbiger Fäden und entsprechender Bindungstechnik

U325

- Vermeidung/Verminderung eines Prozessschritts (Garnherstellung)
- Deutlich höhere Produktionsgeschwindigkeit
- Möglichkeit der Ausrüstung bereits bei der Verfestigung

U326

Einbügelbarer Einlagestoff:
Vliesbildung: Chemiefasern werden auf Krempeln zu Floren verarbeitet kreuzweise abgelegt.
Verfestigung: Vlies passiert Schaumimprägnierwerk, wird mit Bindemischer benetzt und von dampfbeheizten Zylindern getrocknet.

Beschichtungsträger für Kunstleder:
Vliesbildung: Spinngefärbte Polyesterfasern werden aerodynamisch zu Wirrvlies verarbeitet
Verfestigung: Vlies wird von oben und unten ohne Entstehung von Längs- oder Querstreifigkeit vernadelt.

Grobfiltermatte:
Vliesbildung: Grobe Polyesterfasern werden mittels Krempel/-legetechnik zu einem quergelegten Vlies mit verschieden gebauten Faserlagen verarbeitet.
Verfestigung: Vlies wird beidseitig mit jeweils unterschiedlichen Bindern besprüht, um Grobstaubeigenschaften zu verbessern.

Haushaltswischtuch:
Vliesbildung: Preiswerte Viskosefasern werden auf hintereinander angeordneten Krempeln zu Längsvlies verarbeitet.
Verfestigung: Vlies wird musterartig mit einer eingefärbten Binderpaste bedruckt, um optisch ansprechendes Aussehen zu erzielen.

Windelabdeckvlies:
Vliesbildung: Thermoplastische Stapelfasern (z. B. PP) werden auf Doppelflorwirrvlieskrempeln zu Wirrvlies mit hinreichender Querfestigkeit verarbeitet.
Verfestigung: Vlies wird durch Thermobondingkalander punktuell verschweißt und somit thermisch verfestigt.

Medizinische Wundkompresse:
Vliesbildung: Kurz geschnittene Viskosefasern und Zellstoffe (beide eingesetzt aufgrund der notwendigen Saugfähigkeit) werden in einem Hydroformer nass zu einem Vlies gelegt, anschließend durch Absaugung vorentwässert.
Verfestigung: Das Vlies wird zwischen zwei Sieben mit Wasserstrahlen beschossen und so nass verfestigt.

Geo-Vliesstoff:
Vliesbildung: Polyester wird in einer Spinnanlage zu Filamentscharen ausgesponnen, die auf einem Siebband in voller Breite aufgefangen werden.
Verfestigung: Siebband durchläuft mit dem Vlies einen Siebtrommelofen, in dem heiße Luft durch das Vlies hindurchgesaugt wird. Das Zusammenwirken von Temperatur und Druck zwischen Band und Trommel bewirkt die Verklebung der Filamente miteinander (Thermofunktion).

U327

- Mechanisches Verfestigen:
  - Filzen, durch Einwirkung von Feuchtigkeit, Wärme, Druck und Bewegung werden die Faservliese verfestigt.
  - Nadelfilzen, durch wechselndes Einstechen und Ausziehen einer Vielzahl geeigneter Nadeln werden die Faservliese verfestigt.
  - Übernähen
  - Durch Wasserstrahlen
- Chemisches Verfestigen:
  - Chemische Bindemittel, artfremde Bindemittel (Klebstoffe dringen in die Vliese ein und verfestigen diese.)
- Thermisches Verfestigen:
  - Erhitzen der thermoplastischen Rohstoffe, die Oberfläche kann durch Erhitzen bindungsfähig gemacht werden.

U328

- Bekleidungssektor:
  Wäschebereich, Putzmachereien (Hutlitze), Schuhe (Schnürsenkel, Litze)
- Sportsektor:
  Trimmgeräte (Expanderschnüre), Flugsport (Startseil für Segelflieger), Segelsport (Ankerleinen, Segelleinen), Bergsteigersport (Seile), Campingsport (Zeltleinen)
- Heimtextiliensektor:
  Vorhänge (Schnüre, Litzen, Kordeln)
- Medizinischer Sektor:
  Chirurgie (Adern, Nähfäden, Katheter), Prothesen, Bänder für die Orthopädie
- Maschinenbau:
  Faserverbundkunststoffe
- Verkehrssektor:
  Faserverbundkunststoffe für Flugzeug- und Automobilbau, Schienenfahrzeuge und Schifffahrt
- Elektroanlagenbau:
  Kabel, Isolationen
- Haushalt:
  Verpackung, Wäscheleine, Heimwerkerbedarf

U353

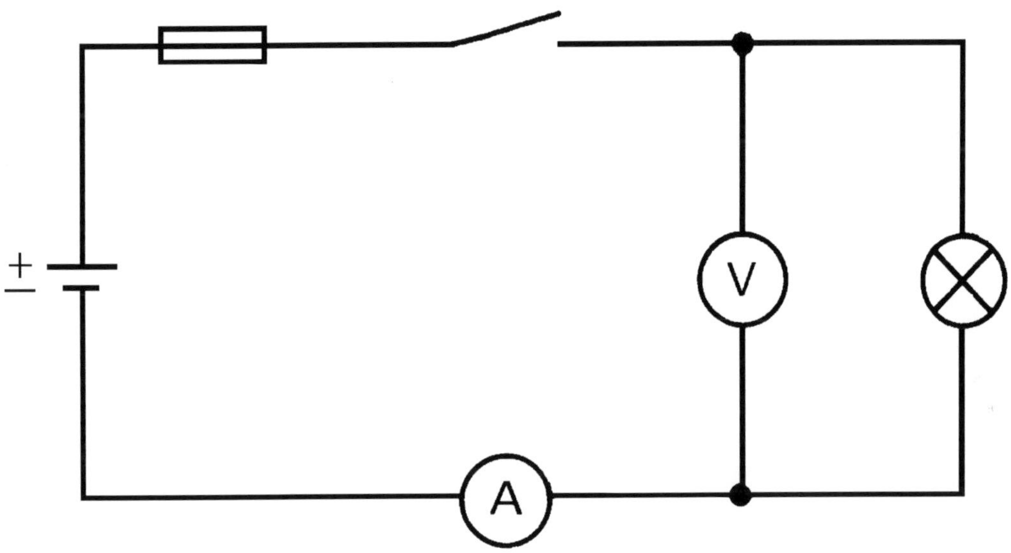

Lösungsvorschläge für die ungebundenen Aufgaben

U354

Leinwandbindung

10-0101-01-00

10-0101-02-00

10-0202-02-00

Köperbindung

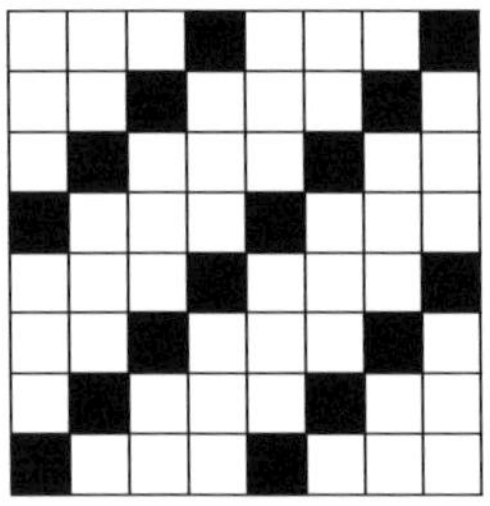
20-0103-01-01

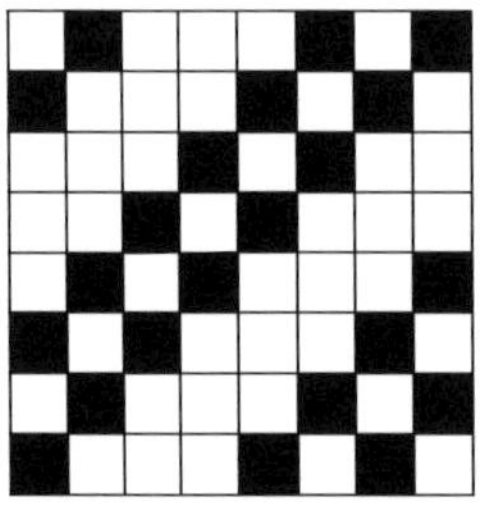
20-01010103-01-01

20-02010102-01-01

Atlasbindung

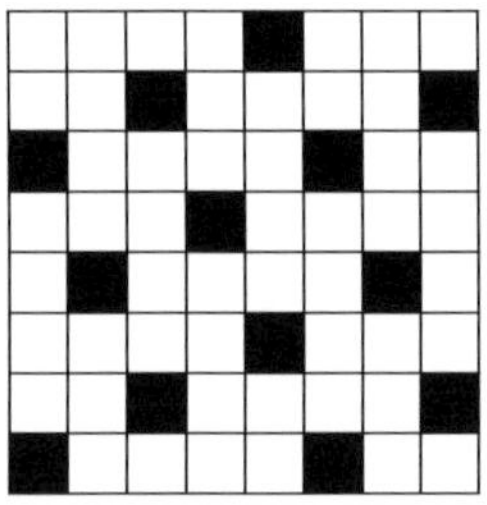
30-0104-01-03

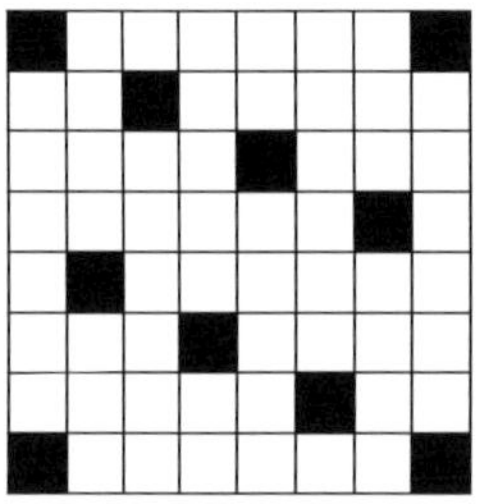
30-0106-01-03

U355

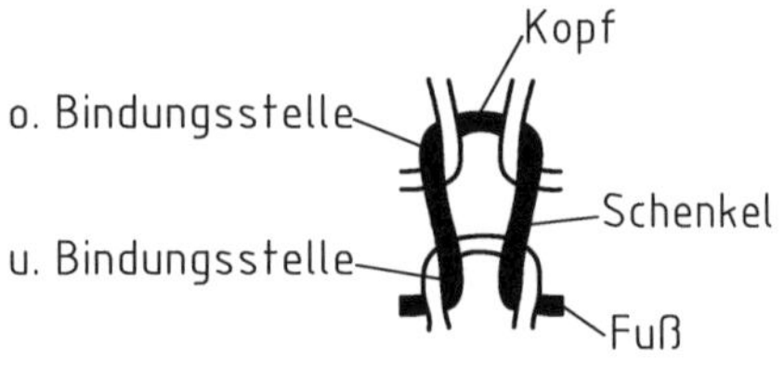

U356

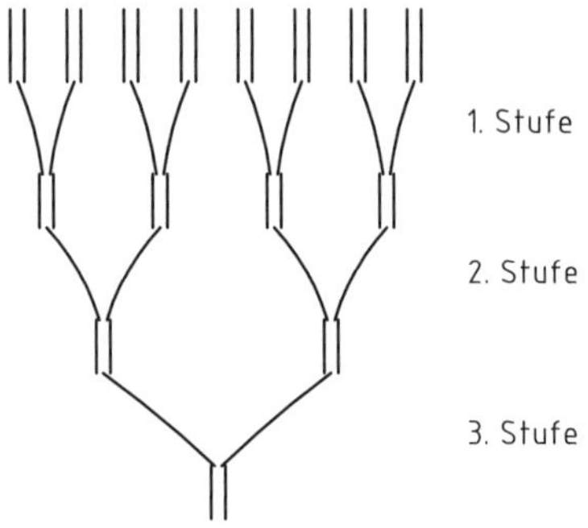

U357

Pos.-Nr.	Bezeichnung
8	Avivierinrichtung
1	Ballenförderer
6	Förderventilator
3	Kastenspeiser
9	Kastenspeiser
2	Kippeinrichtung
5	Metalldetektor
11	Pitzenrückführung
12	Weitertransport durch Förderventilator
10	Reißmaschine
4	Schneidmaschine
7	Füllschacht

U358

$$Anz._{Rap} = \frac{L \cdot 10}{U_W} \qquad U_W = d \cdot \pi$$

$$Anz._{Rap} = \frac{1\,225\text{ m} \cdot 10 \cdot 100\text{ cm}}{157\text{ cm} \cdot 1\text{ m}} \qquad U_W = 50\text{ cm} \cdot \pi$$

$$\underline{\underline{Anz._{Rap} = 7\,802}} \qquad U_W = 157\text{ cm}$$

U359

$$\eta = \frac{L \cdot 100\,\%}{L_{100\,\%}} \qquad L_{100\,\%} = \frac{n \cdot Anz_M \cdot t}{Anz_F}$$

$$\eta = \frac{15\,725\text{ m} \cdot 100\,\%}{20\,160\text{ m}} \qquad L_{100\,\%} = \frac{800 \cdot 20 \cdot 42\text{ h} \cdot \text{cm} \cdot 60\text{ min} \cdot 1\text{ m}}{\text{min} \cdot 20 \cdot 1\text{ h} \cdot 100\text{ cm}}$$

$$\underline{\underline{\eta = 78\,\%}} \qquad L_{100\,\%} = 20\,160\text{ m}$$

U389

- Schwefelsäure H_2SO_4
- Phosphorsäure H_3PO_4
- Salpetersäure HNO_3
- Salzsäure HCl

U390

- Natrium-Hypochlorit NaClO
- Natrium-Chlorit $NaClO_2$
- Wasserstoff-Peroxid H_2O_2

Lösungsvorschläge für die ungebundenen Aufgaben

U391

- Verminderung der Löslichkeit von Farbstoffen
- Verminderung der Reibechtheit, Lichtechtheit
- Farbtonveränderung bei härteempfindlichen Farbstoffen
- Fleckenbildung
- Harter, spröder Griff
- Abscheidung von unlöslicher Kalk- und Magnesiumseife auf der Ware
- Erhöhter Seifenverbrauch beim Waschen

U392

- Hohe Waschkraft
- Schmutztragevermögen
- Biologisch abbaubar
- Gutes Emulgiervermögen
- Gutes Dispergiervermögen
- Peptisierwirkung
- Gute Wasserlöslichkeit

U393

Befindet sich ein Tensid in Wasser gelöst, so richtet sich der hydrophobe Teil vom Wasser weg, die hydrophilen Gruppen richten sich zum Wasser hin.

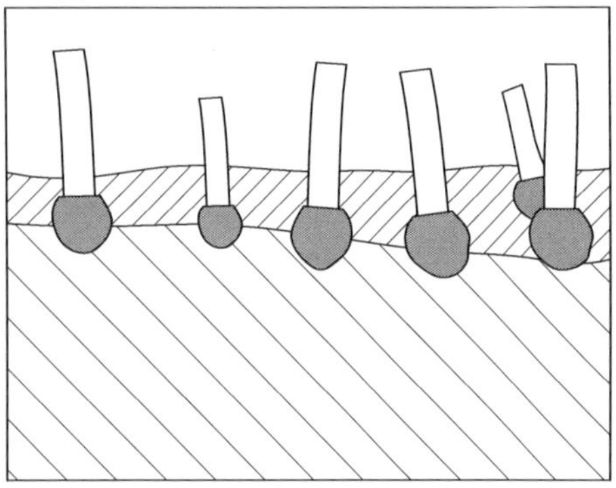

U394

$V_{Bleich} = \text{Bleichchemikalie} \cdot V_{Flotte}$

$$V_{Bleich} = \frac{8\ \text{mL} \cdot 1\ \text{L} \cdot 3\,450\ \text{L}}{1\ \text{L} \cdot 1\,000\ \text{mL}}$$

$\underline{\underline{V_{Bleich} = 27{,}6\ \text{L}}}$

$V_{Flotte} = \text{Verhältnis} \cdot m$

$$V_{Flotte} = \frac{15\ \text{mL} \cdot 230\ \text{kg}}{1\ \text{kg}}$$

$V_{Flotte} = 3\,450\ \text{L}$

U395

$$V_{Flotte} = \frac{m \cdot 100\ \%}{\varrho \cdot \text{Laugen}\ \%}$$

$$V_{Flotte} = \frac{120\ \text{kg} \cdot 100\ \% \cdot \text{cm}^3 \cdot 1\,000\ \text{g} \cdot 1\ \text{dm}^3}{1{,}038\ \text{g} \cdot 3{,}5\ \% \cdot 1\ \text{kg} \cdot 1\,000\ \text{cm}^3}$$

$\underline{\underline{V_{Flotte} = 3\,303\ \text{L}}}$

U426

- Sengen
- Entschlichten
- Fixieren
- Aufhellen
- Bleichen
- Waschen
- Beuchen
- Mercerisieren
- Karbonisieren

U427

Trocknung	Beschreibung
Konvektionstrocknung	Das Textil wird mit Heißluft getrocknet. Z. B. Siebtrommeltrockner: Die Heißluft wird durch die Ware hindurch in die Trommel gesaugt. Dieses Trocknungsprinzip ist ein schonendes Trocknen für spannungsempfindliche Gewebequalitäten.
Kontakttrocknung	Die Textilien haben direkten Kontakt mit den heißen Walzen. Die Ware wird über beheizte Zylinder geführt, sodass die Feuchtigkeit verdampft und mittels einer Absaugeinrichtung über der Anlage abgeführt werden kann. Am Auslauf wird die Ware über Kühlzylinder geführt, bevor sie auf Großkaulen aufgedockt wird.
Strahlungstrocknung durch Infrarotwärmestrahlen	Infrarot-Trockner bestehen aus mehreren Strahlern in einem Schacht, an denen die Ware vorbeigeleitet und aufgeheizt wird, sodass die Feuchtigkeit verdampft.

U428

Trockenveredelung	Beschreibung
Bürsten	Entfernen von lose anhaftenden mechanischen Verunreinigen (Flusen, Fäden, Staub) mit der Bürstmaschine. Dazu wird die Warenbahn an rotierenden Bürsten entlanggeführt.
Klopfen	Bearbeiten der Gewebe mit der Klopfmaschine zum Entfernen mechanischer Verunreinigungen, z. B. nach dem Sengen oder Karbonisieren. Die Ware wird lose über einen rotierenden Zylinder mit längs aufgesetzten Klopfstäben geleitet.
Rauen	Bearbeiten der Ware auf Raumaschinen, damit ein weicher, voluminöser Warengriff entsteht und das Warmhaltevermögen erhöht wird. Textile Flächen werden an Metallkratzern vorbeigeführt. Die Häkchen der Rauwalzen greifen in die Ware ein, dabei werden Fasern herausgerissen oder Fadenschlingen zerrissen.
Scheren	Entfernen von abstehenden Fasern und Garnenden mit Spezialmessern. Textile Flächen werden über einen Schertisch (Auflagefläche) gezogen. Das Untermesser richtet die Fasern auf und führt diese dem Obermesser zu. Das drehende Obermesser schneidet die Fasern ab. Es entsteht eine glatte, gleichmäßige Oberfläche.
Sengen	Spinnfasergarne und daraus hergestellte textile Flächen haben eine flauschige Oberfläche, da Faserenden aus dem Garn herausragen. Die Ware wird entweder mit glühenden Metallkörpern in Berührung gebracht, durch Gasflammen gezogen oder an hocherhitzten Keramikkörpern (indirektes Strahlensengen) vorbeigeführt. Aufgrund der vielseitigen Einsatzmöglichkeiten ist die Flammensenge mit offener Gasflamme die am meisten verbreitete Verfahrensvariante.

U429

- Entfernung von Verunreinigungen und Verschmutzungen durch Maschinenschmierstoffe, Transport oder Lagerung
- Entfernung von Präparationsmitteln aus dem Spinn-, Web- oder Wirkprozess
- Vorbereitung für die Aufnahme von Farbstoffen
- Vergleichmäßigung der Oberfläche
- Abbau von Spannungen aus dem Herstellungsprozess

Lösungsvorschläge für die ungebundenen Aufgaben

U430

Optisches Aufhellen ist das Färben mit optischen Aufhellern, die die Eigenschaft haben, das für das menschliche Auge unsichtbare UV-Licht in sichtbares Licht umzuwandeln, sodass mehr Strahlenanteile für das menschliche Auge reflektiert werden (fluoreszierende Wirkung). Höherer Weißgrad als beim Bleichen.

U431

- Rollenhufen-Breitwaschanlage
- Siebtrommelbreitwaschanlage
- Spritz-Waschaggregat
- Saugtrommel-Waschmaschine

U432

Scheren: Schneiden von oberflächlich aus der Ware herausstehenden Fasern
Walken: Verdichten und Verfilzen von Woll- und Wollmischgeweben durch Druck, Reibung, Quetschung, Stauchung, Stoß und Feuchtigkeit
Kalandern: Pressen der Ware unter hohem Druck zwischen zwei Walzen

U433

- Ungleichmäßige Druckverteilung
- Ungleichmäßiger Feuchtegehalt der Ware
- Ungleichmäßige Warenkonstruktion
- Ungleichmäßiger Walzenbelag
- Ungleichmäßige Vorbehandlung
- Zu niedriger Flottenstand

U434

Maschine der Veredelung zum kontinuierlichen, wassersparenden Auswaschen der Stoffe in einem Durchgang durch mehrere hintereinandergeschaltete Waschabteile, in denen die Waschflotte in entgegengesetzter Richtung zum Warenlauf geführt wird.

U435

Zylinderwalke
In der Zylinderwalke wird die Ware in Strangform als Endlosstrang in die Maschine eingeführt. Die textile Fläche aus Wolle wird durch ein Spritzrohr mit Walkmitteln bespritzt. Walkzylinder pressen und quetschen anschließend den Strang zusammen. Im Stauchkanal erfolgt die weitere mechanische Bearbeitung.

Trommelwaschmaschine
Bei der Trommelwaschmaschine werden meist empfindliche Strick- und Wirkwaren aus Wolle bearbeitet. Durch die Trommeldrehung wird ein fortwährendes Auflockern und Zusammenstauchen erreicht.

U436

- Laugenkonzentration
- Temperatur
- Ausmaß der Streckung
- Behandlungszeit
- Mercerisierhilfsmittel

U437

Ein geschlossenes System, in dem sich ein warmes Medium mit einem kälteren Medium indirekt trifft. Dabei erwärmt sich das vormals kältere Medium und das vormals wärmere kühlt sich ab. So können Flotten erwärmt oder gekühlt werden.

U438

$$v = \frac{L}{t}$$

$$v = \frac{20\,060\text{ m} \cdot 1\text{ h}}{7{,}5\text{ h} \cdot 60\text{ min}}$$

$$v = 44{,}58\text{ m/min}$$

U439

$$\eta = \eta_1 \cdot \eta_2 \cdot \eta_3 \cdot 100\ \%$$

$$\eta = 0{,}92 \cdot 0{,}87 \cdot 0{,}83 \cdot 100\ \%$$

$$\eta = 66{,}43\ \%$$

U462

1. Ware:
   - Rechtzeitig
   - In gewünschter Qualität
   - Am richtigen Ort
   - In gewünschter Menge anliefern
2. - Einsparung von Lagerfläche
   - Einsparung von Ein-/Auslagern
   - Schneller Materialfluss
   - Einsparung von Kapital (für eingelagerte Ware)

U463

- Angabe von Datum und Uhrzeit der Feststellung der Störung
- Beschreibung der Störung
- Nennung der an der Störung beteiligten Bauelemente
- Angabe der Ursache
- Zuordnung der Störung zum System der Maschine
- Unterschrift der Person, die die Störung erfasst hat
- Angabe von Datum und Uhrzeit der Behebung
- Person, die die Störung behoben hat
- Auflistung der Maßnahmen zur Behebung der Störung
- Ggf. Freigabevermerk

U464

Die Ware muss
- in der richtigen Menge
- in der richtigen Qualität
- zum richtigen Zeitpunkt
- an der richtigen Stelle
- unter Einhaltung der geplanten Kosten
  am Bestimmungsort sein.

U465

- Ökonomischen und störungsfreien Materialfluss sicherstellen
- Zeitnaher Transport des benötigen Materials an die Maschine oder Anlage
- Arbeitshilfe bei schweren Lasten
- Verringerung von Zwischenlagern durch „just-in-time"-Bereitstellung
- Schnellerer Transport

U466

Fehler:
13 Fehler ≙ 100 %
1 Fehler ≙ 7,69 %

Fehler 1	Rakelstreifen	5 × 7,69 % = 38,45 %
Fehler 2	Reservierungen	3 × 7,69 % = 23,07 %
Fehler 3	Schlieren	3 × 7,69 % = 23.07 %
Fehler 4	Durchschlagen der Beschichtung	2 × 7,69 % = 15,38 %

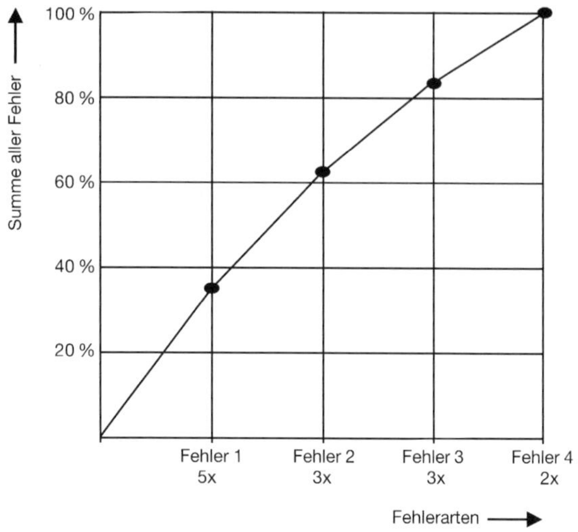

U467

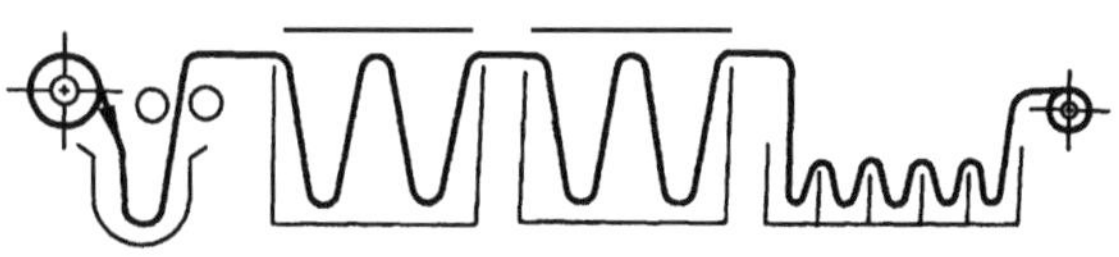

U468

1 Chassis
2 Verdrängungskörper
3 Tauchwalze
4 Quetschwalzen
5 Ware

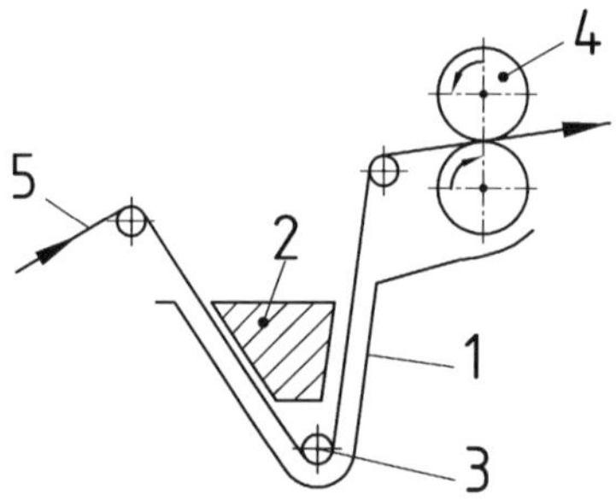

U469

Z. B.

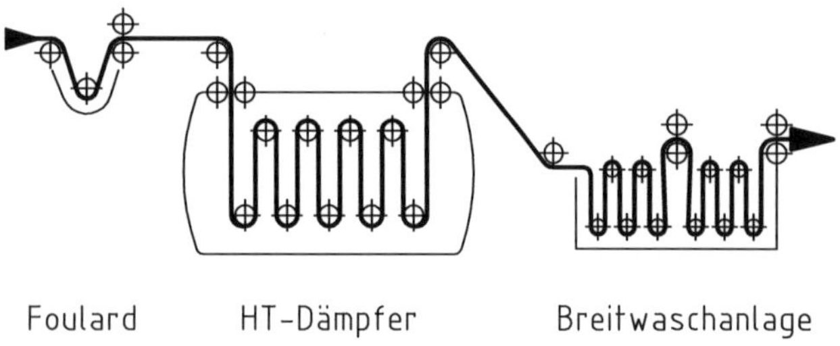

U470

$$L = \frac{L_{Roh} \cdot (100\ \% - 7\ \%)}{100\ \%}$$

$$L = \frac{4\,500\ m \cdot 93\ \%}{100\ \%}$$

$$\underline{\underline{L = 4\,185\ m}}$$

U471

$$m = \frac{m_w \cdot (100\ \% + \%_w)}{\%_w}$$

$$m = \frac{1{,}16\ t \cdot 1\,000\ kg \cdot (100\ \% + 58\ \%)}{1\ t \cdot 58\ \%}$$

$$\underline{\underline{m = 3\,160\ kg}}$$